1806

Das Buch

Winston Churchill wird oft als bärbeißige Bulldogge karikiert – schmuste privat aber gern mit flauschigen Pudeln, die er der Einfachheit halber durchnummerierte. Picasso sagte über seinen geliebten Dackel Lump, er sei weder Hund noch Mensch, sondern »wirklich jemand anderes«. Und Sigmund Freud erfand nicht nur die Psychoanalyse, sondern auch den Therapiehund.

Bei ihren Recherchen für dieses Buch las Anja Rützel die rührenden Vermissungsbriefe, die Richard Wagner aus dem Exil an Frau Minna schickte und in denen er sich mehr nach seinem Hund Peps als nach seiner Angetrauten sehnt. Sie suchte – und fand – das Grab von Susan, des ersten Corgis von Queen Elizabeth II., den sie damals sogar mit auf Hochzeitsreise nahm und von der alle über 30 Corgis abstammen, die die Queen in ihrem Leben besaß.

Es gibt prominente Menschen, über die man alles zu wissen glaubt – doch das stimmt erst dann, wenn man auch die Geschichten über ihre Hunde kennt, die sie liebten und denen sie sich von einer anderen, bislang unbekannten Seite zeigen. »Schlafende Hunde« erzählt diese Geschichten.

Die Autorin

Anja Rützel träumte von einem eigenen Hund, seit sie sechs Jahre alt war. Heute lebt sie mit ihrem Podenco-Mix Juri in Berlin und denkt immer häufiger darüber nach, endlich aufs Land zu ziehen, um sich dann dort mit einem ganzen Rudel aufgeklaubter Straßenhunde umgeben zu können. »Schlafende Hunde« ist ihr fünftes Buch.

Anja Rützel

SCHLAFENDE HUNDE

Berühmte Menschen
und ihre Haustiere –
zehn Liebesgeschichten

*Mit Illustrationen
der Autorin*

Kiepenheuer & Witsch

Für meinen Freund Juri

Dogs are everywhere
almost everywhere
that I go

PULP

INHALT

EINLEITUNG

Der Taxifahrer knapste sich ein paar brummelige Konsonanten ab, auf ein vernünftiges Hallo hatte er keine Lust. Ich setzte mich neben ihn, weil ich meinen Hund Juri dabeihatte, der sich im Taxi am liebsten im Beifahrerfußraum zusammenkringelt – ich glaube, er mag es, nah am beruhigenden Motorengebrumm zu liegen. Im Radio lief etwas Klassisches, der grollige Taxifahrer drehte direkt lauter, die international verständliche Taxifahrergeste für: Bitte belästige mich nicht mit Small Talk.

Juri schien das Geklimpere zu gefallen, er löste sich wieder aus seiner Donut-

JURI

Position, legte den Kopf in der Mittelkonsole vor dem Taxameter ab und schaute den Taxifahrer an. Er tat das schon etwa fünf Minuten lang, als der Taxifahrer doch etwas sagte: »Das ist ein lieber Hund.« Und dann fragte er sogar etwas und riskierte, dass ich antwortete: »Wie heißt er?« – »Juri«, sagte ich, und der Taxifahrer lachte bärenhaft dröhnend los. »Juri, wirklich Juri?«, fragte er, donnerlachte weiter und erzählte mir, dass er Sergej heiße und aus Sibirien komme und es wirklich, wirklich abwegig sei, einen Hund Juri zu nennen. Er kraulte dem Hund die Ohren, kramte sein Handy heraus, um ihn zu fotografieren – für seine Frau, sagte er –, und sprach Juri immer wieder mit seinem Namen an, und in allen Variationen, die die russische Sprache dafür so hergab.

Als wir schließlich nach einer halben Stunde in die breite Allee einfuhren, in der Juri und ich wohnen, war die Stimmung ausgelassen, knapp vor Musical, und der Taxifahrer und ich waren beste Freunde. »Juri! Jurik! Juritschka!«, rief er immer wieder aus dem heruntergekurbelten Fenster, das Klassikradio brauste etwas adäquat Überschwängliches, es war mein schönster Menschenkontakt seit einiger Zeit. Denn Juri hatte in Sergej etwas angeknipst, an das weder ich noch das Klassikradio hätten herankommen können, vielleicht nicht einmal Sergej selbst.

Hunde zeigen, wer wir wirklich sind. Sie erschnüffeln in uns die Dinge, die wir vielleicht selbst nicht über uns wissen, sie apportieren Verdrängtes und Verstecktes. In der prosaischen Praxis kann das die vergessene Unterhose sein, die der Hund unter dem Sofa hervorzerrt und paradierend durchs Bild trägt, wenn gerade Besuch da ist. Im abstrakteren Sinn zeigen sie – wie ein Jagdhund, der mit einem höflichen Pfotenheber auf mögliche Beute hinweist – auf Wesenszüge und Eigenheiten, die sonst verborgen blieben, weil wir uns unseren Hunden gegenüber so unverstellt zeigen, wie wir es bei Menschen nie wagen würden.

Genau das macht es so interessant, berühmte Menschen über ihre Hunde neu kennenzulernen. Wir sehen Sissi, die zu Unrecht verkitschte Kaiserin, etwas anders, wenn wir wissen, dass sie nicht die hoftypischen Schoßschnuffis, sondern riesige irische Wolfshunde liebte – und bedauerte, es gäbe wohl keinen Hund auf der Welt, der groß genug für sie sein könnte. Wir lieben Ryan Gosling noch ein wenig mehr, seit wir wissen, dass er die Hundemarke seines verstorbenen Begleiters George an einer Kette um den Hals trägt. Wir hören »Martha, my dear« von den Beatles anders, wenn wir dabei daran denken, dass Paul McCartney das Lied nicht für seine Ex-Freundin geschrieben hat, die gerade die Verlobung gelöst hatte, sondern für seinen Bobtail, weil die beiden füreinander geschaffen waren, »that you and me are meant to be«. Und es war uns längst klar, dass die Beziehung von Kylie Jenner und Travis Scott zum Scheitern verurteilt ist, als bekannt wurde, dass er sich die Namen ihrer Hunde nicht merken kann. Norman, Bambi, Rosie, Harlie, Odie, Ernie, Penny und Sophia, es ist wirklich nicht so schwer.

Hunde wedeln auch die berühmtesten Menschen von ihrem Podest und schaffen es, dass wir uns mit ihnen verbunden fühlen, obwohl wir nichts mit ihnen gemeinsam haben. Wir sind keine Präsidenten, aber wir können nachfühlen, dass Abraham Lincoln erst einmal seine Hunde holen ließ, wenn ihm die viele Denkarbeit zu anstrengend wurde, um eine Runde mit ihnen zu balgen – eine Frühform des segensreichen Bürohunds. Sehr wahrscheinlich werden wir nicht wie Marie Antoinette in die Bedrängnis kommen, zum Schafott gehen zu müssen – aber wenn es so käme, würden wir uns dann nicht auch wünschen, dass uns unser Zwergspaniel begleitet?

Im Leben der Prominenten, das so lückenlos ausgeleuchtet scheint, sind die Hunde, die sie begleiten, in der oberflächlichen Wahrnehmung oft nur niedliche Statisten und Fotorequisiten. Tatsächlich spielen sie für ihre Besitzer meist nicht weniger als eine existenzielle Rolle: als Tröster der ewig Enttäuschten und als unblendbare, einzig ehrliche Gefährten in einer Welt voller Bücklinge.

»Be the person your dog thinks you are«, steht auf einer Karte, die ich einmal geschenkt bekam, aber ich bin sicher, dass mein Hund mich schon genau so sieht, wie ich bin, mit all meinen Dellen und Schwächen, nicht als Superheldin. Und mich trotzdem ohne jeden Zweifel liebt, das ist das Verrückte an Hunden.

Darum stimmt es gerade nicht, was Aldous Huxley behauptet: »Jeder Hund denkt, sein Herrchen ist Napoleon, darum sind Hunde so beliebt.« Napoleons Hunde waren wahrscheinlich die Einzigen, die ihn nicht für Napoleon hielten – Fortune, der extrem eifersüchtige Mops seiner Gattin Josephine, attackierte ihn gar während der Hochzeitsnacht, als Napoleon gerade mit Ehevollzug befasst war. Der Medientycoon William Randolph Hearst sah es genauso und widersprach Huxley darum öffentlich, in seinem Nachruf auf seinen Lieblingsdackel Helen. Hearst hielt sich 75 Dackel gleichzeitig – ein Fall von milliardärischem Schrullverhalten, das wir schwer nachvollziehen können. Den Impuls, dem geliebten Hund einen Nachruf zu schreiben, dagegen schon eher (wenn wir nicht, wie Alexander der Große, extra eine Stadt gründen können, um sie nach dem toten Hund zu benennen). Auch wenn wir wahrscheinlich nicht die Möglichkeit haben werden, diese Worte dann, wie Hearst, im Nachrichtenteil des Magazins »Time« zu veröffentlichen. Seine Worte aber kann jeder verstehen, der schon einmal einen Hund liebte und ihn verloren hat.

»Helen starb in meinem Bett, in meinen Armen«, schreibt Hearst. »Ich habe sie auf dem Berg begraben, der sich über dem grünen Rasen erhebt, wo sie früher herumrannte, inmitten von Blumen. Ich brauche kein Denkmal, um mich an sie zu erinnern. Aber ich lege einen Stein auf ihr kleines Grab, mit dieser Inschrift: ›Hier liegt meine liebste Helen – meine treue Freundin.‹«

Über die Hunde, die darin herumspringen, kann man sich in fremde Leben einfühlen, in ihre schönen und ihre schlimmsten Stunden. Sie bringen uns auch Frauen und Männer näher, die dank ihres Wirkens überlebensgroß wirken. Der Blick auf ihre Hunde zeigt: Auch sie sind Menschen.

MICHEL HOUELLEBECQ

Manchmal wird Michel Houellebecq versehentlich für meinen Vater gehalten. Schuld daran ist ein gerahmtes Bild, das in meiner Küche hängt: Es zeigt den Autor, er trägt kurze Hosen, ein gelbes Hemd, eine rote Weste und hat durchaus Ähnlichkeit mit einem sommerlich angeschwitzten DHL-Mitarbeiter. Er hält einen Hund auf dem Schoß, länglich wie ein Zugluftstopper, den man zur Abdichtung auf das Fensterbrett legt, und drückt dem offenbar von einem schönen Ausflug erschöpften, hechelnden Tier einen Kuss auf die Schläfe.

»Ist das dein Vater?«, haben mich schon

drei Freunde gefragt. Hat man Houellebecqs zerzauste Erscheinung der jüngsten Jahre im Sinn, wäre das ein Affront. Aber auf dem Foto mit seinem Hund sieht er sehr gut aus: Er glänzt vor Glück und schmunzelt, er ist kaum zu erkennen. Der Hund ist Clément, ein Welsh Corgi Pembroke. Seine offizielle hunderassenbestimmungsnormierte Fellfarbenbezeichnung ist rot/weiß – von Goldrot über Fuchsfarben bis Rehbraun reicht die Toleranzspanne dafür, wie bunt ein Corgi sein darf. Clément hat exakt dieselben Farben wie mein Lieblingseis aus Kindertagen – Pop Orange – und könnte, wenn man ihm die Augen nur minimal vergrößern würde, sofort eine eigene koreanische Zeichentrickserie bekommen, in der er unter dem Namen »Clemmy, der Mandarinenfuchs« putzige Kriminalfälle löst, assistiert von zwei verständigen Meerschweinchen.

Ich kann seinen Niedlichkeitsgrad kompetent beurteilen, denn ich habe Clément tatsächlich einmal live gesehen. Allerdings hat er unser Treffen fast vollständig verschlafen. Zwei Stunden lang lag der Vanille-Orangeneis-Hund dabei unter einem Tisch, die stummeligen Pfoten zuckten manchmal im Traum, als zöge ein untalentierter Puppenspieler mit zu ruckartigen Bewegungen an daran befestigten Nylonfäden. Unten schlief also Clément, oben sprach Michel Houellebecq mit der Moderatorin einer Literatursendung, worüber genau, weiß ich nicht mehr, möglicherweise habe ich damals, vor gut 15 Jahren, erst gar nicht zugehört. Ich saß im Publikum und schaute sehr verliebt auf den Hund, der mit dem Autor auf die Bühne gehoppelt und schon nach wenigen Minuten in tiefen Schlaf gefallen war.

Clément war immer dabei. Es gibt noch ein zweites schönes Foto von Herrn und Hund, das ich mal beim Googeln fand, auf dem Clément über Houellebecqs Schulter hängt, halb königliches Hermelin, halb Piratenpapagei, es sieht aus wie ein spontan improvisiertes Autorenporträt, geknipst bei einem Interview. Gekauft hat Houellebecq den Hund im Jahr 2000. Von Anfang an nahm er ihn mit zu Preisverleihungen, sprach über ihn mit Journalisten. Als Autorenkollege Frédéric Beigbeder den Autor für die französische GQ interviewte, war seine zweite, bange Frage: »Wie geht es Clément?« Dass der Hund zu der Zeit in einer Tierklinik behandelt wurde, hatte die gesamte französische Literaturszene mitbekommen. Houellebecq konnte ihn beruhigen, es gehe Clément schon besser; er bat die GQ-Leser trotzdem, für seinen Hund zu beten.

Nach dem Erscheinen seines Romans »Plattform« (in dem die Freundin des Protagonisten bei einem Terroranschlag stirbt) wurde er von islamistischen Fundamentalisten bedroht und versteckte sich zeitweilig in Irland auf dem Land. Als ihn dort ein Reporter des Scotsman besuchte und vorsichtig fragte, wie es so gehe, klagte Houellebecq, Clément sei gerade zwei Jahre alt geworden und komme darum nun allmählich in das Alter, in dem er sexuelle Ambitionen entwickele, und fragte den Journalisten, ob er ihm womöglich einen Kontakt zur königlichen Familie – und zu den Corgis der Queen – herstellen könne. Ein Witz, klar, aber Michel und Elizabeth – wie wunderbar verdruckst und hinreißend bizarr hätte dieses Treffen zweier großer Corgi-Freunde werden können, anberaumt allein zu Hundekopulationszwecken.

Wenn es um Clément ging, kümmerte sich Houellebecq wenig um die äußeren Umstände. Als »Die Möglichkeit einer Insel« in den Niederlanden veröffentlicht wurde, weigerte er sich, dafür auf Interview-Tingelreise zu gehen, und ließ die Journalisten in die Vogesen reisen, wo er gerade urlaubte. Um dort das sorgfältig terminierte Schwadronier-Schedule nonchalant zu sprengen, indem er ein paar Stunden verschwand, um Kroketten für seinen Hund zu kaufen. Tiervernarrte Marotten wie diese machen mir Houellebecq hochsympathisch. Natürlich habe ich auch deshalb eine besondere Schwäche für Clément, weil bei seiner Ausstattung ähnlich verschwenderisch mit Ohrenmaterial umgegangen wurde wie bei meinem eigenen Hund. Clément sieht tatsächlich aus wie eine selbst gebaute Version von Juri, bei der ein schludriger Heimwerker ein paar Zwischenteile und Verbindungsstücke verschlampt hat, sodass das Ergebnis nun leicht gestaucht und ulkig verkürzt wirkt. Zusammen könnten Clément und Juri ein Hunde-Remake von »Twins« drehen, diesem Film, in dem Danny DeVito und Arnold Schwarzenegger Zwillinge spielen – vermutlich wäre diese Produktion noch erfolgreicher als die Mandarinenfuchs-Detektivserie.

Ich liebe Houellebecqs Bücher, auch dafür, dass sie in ihrem zynischen Grant manchmal kaum auszuhalten sind, echte Zumutungen, und zwar noch mehr, seit ich weiß, dass ihr Verfasser eben nicht der universal lebensverachtende Schmuddel-Skandalisator ist, zu dem er so oft und so schlichthirnig geschrumpft wird. Die menschliche Korrumpierbarkeit und die marode Welt in all ihren schlammigen Schattierungen sind keine erbaulichen Themen, und Houellebecq kokettiert natürlich auch damit, dass ihn so viele mit dem Erzähler und den Figuren seiner Romane (die er obendrein gern mal »Michel« nennt) verwechseln. Dauernd muss man sich bei ihrer Lektüre fragen, was Ernst, was Provokation ist. In seiner Rolle als Hundebesitzer aber ist Houellebecq buttrig weich, wie nach einem aggressiven Peeling, das alle krustigen Ironieschichten um ihn herum abgeschmirgelt hat. Clément und Houellebecqs Liebe zu ihm ist der einzige Kontext, der ihn eindeutig macht. An Houellebecq ist nichts Niedliches, aber als Herrchen wird er tatsächlich auch ein wenig zum Houellebecqchen. Obwohl man die gewohnte misstrauische Musterung natürlich nicht so einfach einstellen kann: Wenn er mit seiner damaligen Frau auf der Webseite von Cléments Züchter posiert – ist das dann wirklich, echt, ernst gemeint? Und wer kommt überhaupt auf die Idee, Houellebecq als Werbe-Testimonial einzusetzen – außer vielleicht die Hersteller von Anti-Gilb oder beuligen Altherrencordhosen?

In einem Interview hat er einmal erklärt, seine Gefühle für Clément entsprächen am ehesten der sentimentalen Poesie der Romantik, deren Kunst er überhaupt verehre: das Schmachten nach Unendlichkeit, die Sehnsucht nach dem Nichtrelativierbaren, Nichtkleinzuknickernden. Er liebt seinen Hund, weil diese Form der Liebe die einzige, absolute ist, die niemals enttäuscht werden kann. Houellebecq ist in diesem Sinn also zumindest Teilzeit-Romantiker. Und Gleitzeit-Zyniker – was sehr gut passt, weil »zynisch« dem griechischen Wortstamm nach ja ursprünglich »hündisch« bedeutet.

Tatsächlich wird Houellebecq ganz pastellen, wenn er über Clément spricht. In einem hundezentrischen Interview mit Le Figaro teilt er, ganz anders als in seinen üblicherweise mit Stinkbömbchen versetzten Gesprächen, rührende Beobachtungen aus dem gemeinsamen Leben: »Als er jung war, war er ein ziemlich schüchternes Tier. Ich lebte in einem Haus, in dem es viele Türen gab. Manchmal war er stundenlang hinter einer Tür eingesperrt, ohne einen Mucks zu machen. Ein Mensch würde das niemals tun, er würde schreien. Clément konnte stundenlang hinter einer Tür warten. Ich suchte ihn dann irgendwann, schob die verschiedenen Turen auf und fand ihn. Ich finde das sehr bewegend, diese Art zu warten, diese Zuversicht. Der Hund legt sein Leben in deine Hände. Er macht dich völlig verantwortlich für sein Überleben, wie ein Kind. Aber das Kind hat keine Wahl. Der Hund gibt sich freiwillig.«

Einen Hund zu haben, sagt Houellebecq, verändere die Vorstellung vom Leben. »Das wäre fast das

Thema eines Buches: Wie ein Hund die Lebensauffassung beeinflusst.« Ein solches Buch hat er noch nicht geschrieben, aber Clément hat Gastauftritte in den meisten seiner Bücher – eindeutig identifizierbar in seiner ganz persönlichen Corgi-Inkarnation oder vertreten durch abstrakte Artgenossen. Hunden schenkt Houellebecq die zärtlichen Momente, die es in seinen Büchern selten gibt.

In »Elementarteilchen« beschreibt Bruno seine Vorstellung vom Paradies, über die er einen Film drehen möchte: »Der Film spielt auf einer Insel, die ausschließlich von nackten Frauen und kleinen Hunden bevölkert ist. Im Anschluss an eine Katastrophe sind die Männer sowie fast alle Tierarten von der Erde verschwunden. (…) Die Frauen bleiben ewig jung und frisch, die kleinen Hunde ewig lebhaft und fröhlich.« Viel Aufwand legt Houellebecq in die genaue Auflistung aller Hunderassen, die in diesem Paradies leben: »Pudel, Foxterrier, belgische Zwerg-Griffons, japanische Chin-Hündchen, König-Karls-Hündchen, Yorkshireterrier, Kraushaar-Malteser, Westies und Harrier Beagles. Der einzige große Hund ist ein braver, sanfter Neufundländer, der eine Art Ratgeber für die anderen darstellt.« Eines Tages ertrinkt eines der kleinen Hündchen fast, weil es sich beim Schwimmen zu weit hinauswagt, doch seine Herrin merkt es rechtzeitig, zieht es aus dem Meer und erweckt es durch Mund-zu-Mund-Beatmung wieder zum Leben.

In »Die Möglichkeit einer Insel« hat Houellebecq Clément ein Denkmal gesetzt. Letzterer begleitet den Protagonisten dort als »Fox«, der, wie alle Hunde, eine »Liebesmaschine« sei: »Man stellt ihm ein menschliches Wesen vor und gibt ihm den Auftrag, es zu lieben – und dieses Wesen mag noch so plump, pervers, deformiert oder dumm sein, der Hund liebt es.« Genau so habe er es selbst erlebt, als er Clément kennenlernte, sagt Houellebecq: »Er war drei Monate alt und ungefähr zwei Stunden in seiner kleinen Transportkiste, bevor er ausstieg. Ich streichelte ihn, und ich glaube, er verstand sehr schnell, welche Menschen er mögen soll. Und er hat es hinbekommen. Es kam mir wie seine Mission vor: Er hatte die Mission, diese Menschen glücklich zu machen, sie zu lieben. Und er macht es. Es ist erstaunlich, er macht es. Er ist eine Quelle reiner Freude, perfekt.«

Fox tritt gleich am Anfang des Romans auf (»Meine gegenwärtige Inkarnation verschlechtert sich; ich glaube nicht, dass sie noch lange währt. Ich weiß, dass ich bei meiner nächsten Inkarnation meinen Gefährten wiederfinde, den kleinen Hund Fox.«), und mit ihm schließt das Buch, zumindest fast: Auf der vorletzten Seite sagt Daniel25, der 24. Klon von Daniel1: »Ich würde auf jeden Fall mein obskures Leben als verbesserter Affe so gut es ging fortsetzen, und ich bedauerte dabei nur zutiefst, dass ich den Tod von Fox verursacht hatte, dem einzigen Wesen, dem ich je begegnet war, das es verdient hätte zu überleben; denn in seinem Blick lag schon manchmal ein Funke, der die Ankunft der Zukünftigen ankündigte.«

Dazwischen passiert wenig Schönes und einiges Ekliges, die Menschheit ist schwerst lädiert und klont sich lethargisch durch ihre Existenz, ziemlich verzweiflungspornös kommt einem das alles vor. Die Liebe ist als Idee in dieser Welt längst abgewrackt und existiert nur noch in einer Konstellation: der bedingungslosen Zuneigung zu einem Hund, zu Fox eben, die sämtliche Daniel-Neuauflagen durch die Jahrhunderte überdauert, ungebrochen, wie bei dem ersten Zusammentreffen. »Ein kleiner rotbraun gefleckter weißer Hund mit spitzen Ohren, der höchstens drei Monate alt war, kroch auf sie zu – eine richtige Promenadenmischung. Sie bückte sich, nahm das Tier in die Arme und ging zum Auto zurück. So hielt Fox Einzug in unser Leben – und mit ihm die bedingungslose Liebe.«

Auch in »Karte und Gebiet« kommen Hunde vor. Selbstparodistisch scharwenzelnd tritt ein Bologneser Schoßhündchen namens Michel auf, das fast an Herzwürmern zugrunde geht und mit einem anderen Bologneser namens Lizzy Lady verpaart wird. Und es gibt einen kleinen Cameo-Auftritt von Clément. Wie ein Kind, das sein Lieblingsstofftier überallhin mitschleppen muss, hat Houellebecq ihn auch in dieses Buch geschrieben: als Begleitung eines mageren, alten Mannes in ein Café, zu dessen Füßen »ein rötlich weißer·dicker Hund, ein kleiner Rattenjäger« lag. Beide tragen nichts weiter zur Handlung bei, als settingbildend halb zu schlummern. Tatsächlich handelt es sich hier sehr sicher um einen Corgi, denn die berufstätigen Exemplare dieser Rasse hatten früher auf den Britischen Inseln die Aufgabe, den Hof frei von Ratten zu halten und den Hühner- und Kaninchenstall vor Marder und Fuchs zu schützen.

Ich freue mich über jeden versteckten Clément, den ich in einem Houellebecq-Buch finde, und komme mir beim Entdecken vor wie die Wissenschaftler, die mit Infrarotlampen ein kleines Selbstporträt von Caravaggio in seinem Bacchus-Gemälde fanden – als seien es versteckte Grüße von einem Hundefanatiker zum anderen. Houellebecqs Zuneigung zu seinem auf Fotos irgendwie immer zu grinsen scheinenden Stummel-Clément macht die Autorenkunstfigur für mich zu einem kompletteren, komplexeren Menschen. Zu einem, den man bei aller Ehrfurcht vielleicht nicht anfassen, aber zumindest ansprechen könnte.

Nach einer Lesung in der Stuttgarter Liederhalle – er las aus »Plattform«, dem Buch, in dem Islamisten einen Anschlag auf eine Sex-Hotelanlage verüben, es kommt kein Hund zu Schaden, weil untypischerweise im ganzen Buch keiner auftritt – stellte ich mich also in die Reihe der Signiertouristen, obwohl ich große Bedenken hatte, dass Houellebecq wahrscheinlich Leser herzlich verachtet, die sich dem verehrten Autor in einer Schlange (die mich immer an die katholische Hostien-Ausgabe erinnert) und in ehrfürchtiger Shrimp-Haltung nähern, um sich einen Krakelkringel in ihr Buch malen zu lassen.

Also bat ich ihn, als ich an der Reihe war, nicht um seinen Namensschriftzug, sondern fragte ihn – vorsichtshalber auf Englisch und nicht in meinem inzwischen zum bödefeldisierten Fantasie-Genäsel verfremdeten Schulfranzösisch –, ob er mir vielleicht einen Hund zeichnen könne.

Er saß da, leicht ramponiert, durchaus Furcht einflößend, in einem bestürzend weit aufgeknöpften, silber-metallisch schimmernden Hemd, rauchte – die Zigarette klauenhaft zwischen Mittel- und Ringfinger geklemmt, wie es seine Art ist – und schaute mich an. »So you are obsessed with dogs?«, fragte er mit dick aufgestrichenem französischen Akzent, der das »dogs« wie »doogs-eh« klingen ließ. Ich nickte stumm und schüchtern. Houellebecq lächelte. »It's good«, sagte er und erklärte, dass er mir ein Porträt seines eigenen Hundes zeichnen würde. »Clément«, sagte ich, ein bisschen zu streberhaft; und umqualmt von seiner Zigarette, der kleinsten portablen Nebelmaschine der Welt, malte mir der Starautor sehr konzentriert einen winzigen, ebenfalls rauchenden Hund. Der geriet extrem minimalistisch und sah eher wie ein Nürnberger Bratwürstchen mit Streichholzbeinen aus, das Feuer spuckte, sein Kopf war kaum hundeähnlich, eher schweinös. Ich hätte fast geweint vor Rührung. Anschließend verschrieb sich Houellebecq, als ich ihn dann doch noch um eine Widmung bat, bei meinem Namen, aber das war nebensächlich.

In den folgenden Jahren freute ich mich immer sehr, wenn irgendwo ein Foto von ihm und seinem Hund auftauchte. Dass er sich ausgerechnet einen Corgi ausgesucht hat, schien mir nach anfänglicher Verwunderung inzwischen sehr plausibel: Der Corgi ist ein niederläufiger Hund, dessen Beine im Vergleich zu Kopf und Körper grob gesagt wie unsachgemäß abgesägt erscheinen. Seine Proportionen sind völlig aus dem Ruder gelaufen, er ist eigentlich ein Hündchen, das den Kopf eines viel größeren Tieres trägt, als könne er sich nicht recht entscheiden, wie er wahrgenommen werden wolle: niedlich oder Furcht einflößend. Spontan hatte ich früher immer gedacht: Wenn Michel Houellebecq ein Hund wäre, wäre er wahrscheinlich ein leicht räudiger Terrier, sprödfellig, ein klassischer Wadenbeißer. Aber vielleicht ist er tatsächlich doch einfach ein kleiner Hund mit zu großem Kopf.

Ich fantasierte mich, wenn ich ein Foto von den beiden sah, gern für eine gemeinsame Gassirunde in ihren Alltag. Und fand es lustig, mir vorzustellen, dass auch Houellebecq ein Sortiment eigenwilliger Ausführbekanntschaften hat, so wie ich. Gassi-Gossiper, mit denen er über die Nachbarschaft tratschen muss, während der Hund presst. Aber Houellebecqs Hundefreunde waren doch anders sortiert als meine, musste ich feststellen, eher vom Kaliber eines François Nourissier. Den Autorenkollegen und langjährigen Präsidenten der Jury der Académie Goncourt, die den gleichnamigen, renommierten französischen Literaturpreis vergibt, besuchte Houellebecq regelmäßig zu Hause, las ich in Le Monde: Während Clément in Nourissiers Garten spielte, verlustierte sich Houellebecq demnach in dessen Weinkeller, mitunter soll er danach so derangiert gewesen sein, dass Herr und Hund anschließend auf der Jurypräsidenten-Couch übernachten mussten. Das schrieb Le Monde natürlich nicht einfach so, sondern um eine fiese Andeutung zu machen. Nourissier selbst, inzwischen verstorben, war nämlich seinerseits ein großer Hundenarr. Er veröffentlichte das Buch »Dogs in the Louvre«, in dem er Gemälde mit Hunden auflistete, etwa Rubens' »Krönung der Maria Medici«, mit zwei bräsigen Laufhunden vorne rechts. Und »Lettre à mon chien«, eine Liebeserklärung an seinen Dackel Polka, der für ihn intimer Vertrauter und sogar Psychoanalytiker gewesen sei. Knapp ein Jahr nach der Veröffentlichung dieses Buches starb Polka eines Dezemberabends in Nourissiers Armen. Man kann sich gut vorstellen, wie Cléments Besuche ihn in seiner Trauer aufheiterten. Nourissier fasste Houellebecqs Visiten so zusammen: »Ich plaudere, er trinkt, der Hund rennt.« Le Monde sah die Zusammentreffen weniger harmlos: Die Zeitung deutete an, Houellebecq habe diese Besuche aus Kalkül unternommen, um Nourissiers Fürsprache bei der Académie Goncourt zu gewinnen. 2010 erhielt Michel Houellebecq den Preis tatsächlich.

Beim Schreiben, sagt er, schaue er mit hundeähnlichem Blick auf die Welt. Ungefähr so nämlich, wie die angebundenen Hunde vor dem Supermarkt auf die Passanten schauen. »Es ist schwer, aber es lohnt sich, sich darauf zu trainieren, durch ihre Augen zu sehen«, so der Autor. »Ich versuche zu spüren, was sie fühlen, wenn sie Menschen sehen, die sich bewegen. Es gibt viele Dinge, die Tiere nicht verstehen können. Um zu schreiben, muss man sich in diesen Zustand des Halbverständnisses versetzen. Es ist ein poetischer Geisteszustand, in dem wir Dinge auf seltsame Weise sehen. Im besten Fall fühle ich mich so, weit weg von der Menschheit.«

2011 starb Clément. Ich erfuhr es erst später, als ich zur Erbauung wieder einmal nach Bildern von Herrn und Hund googelte, und einen Bericht von seiner Beisetzung fand, den der spanisch-französische Autor Fernando Arrabal auf seinem Blog veröffentlicht hatte. »Der Hund ist so etwas wie ein endgültiges Kind«, hatte Houellebecq in »Karte und Gebiet« geschrieben, »ein Kind, das man überleben wird. Wenn man bereit ist, einen Hund zu lieben, muss man auch dazu bereit sein, ein Wesen zu lieben, das einem unweigerlich eines Tages entrissen wird.« Im Roman entgeht er diesem Kummer, indem er sich selbst samt Hund umbringen lässt, splatterverliebt zerschreddern gar, sodass Protagonist Jed bei diesem Anblick an ein Werk von Jackson Pollock denken muss. Die Romanfigur Houellebecq besitzt allerdings keinen Corgi, sondern einen »großen, schwarzen Hund« – sollte das tatsächlich eine Anspielung auf Winston Churchills angebliches Depressionsmetapherntier sein?

Der echte Clément starb in Houellebecqs zeitweiligem Halbexil in Irland. Sein Mensch betrieb beträchtlichen Aufwand, um den Behörden die Sondergenehmigung für den Rücktransport des toten Hundes nach Frankreich abzutrotzen. Angeblich soll der damalige französische Landwirtschaftsminister Bruno Le Maire persönlich die Erlaubnis erteilt haben, womöglich halfen auch Houellebecqs Kontakte aus seinem früheren Leben, als er noch keine Bücher schrieb, sondern als IT-Mitarbeiter im Landwirtschaftsministerium Computer wartete.

»Cléments Tod hat Sie in tiefe Traurigkeit gestürzt«, stellte Paris Match beim offiziellen Trauerinterview fest. »Er hat meinem Optimismus sehr geschadet, der schon vorher nicht auf einem Spitzenwert war«, sagte

Houellebecq: »Die Tatsache, dass kleine Hunde sterben können, ist inakzeptabel.«

Ich habe nach dem lebendigen auch den toten Clément gesehen – auf einem Foto. Auf den ersten Blick könnte man noch denken, er schlafe nur; der Kopf auf einem großen Kissen abgelegt, auf das das Wort »Forget« gestickt war. Aber wenn man schon einmal einen toten Hund gesehen hat, erkennt man: Clément war gerade gestorben. »Es braucht ein paar Sekunden, um die Welt zu löschen«, steht auf dem Foto, das 2013 auf einem Bildschirm im Pariser Palais de Tokyo zu sehen war, als Teil von Houellebecqs großer Retrospektive »Rester vivant«. Einen ganzen Ausstellungsraum hat er seinem Hund gewidmet, ein Kabuff der ultimativen Liebe: »Salle Clément«, holzgetäfelt, ausgelegt mit Teppichboden in rotem Tartan-Muster. Wenn man die Kitschschleuse weit aufmacht, kann man sich diesen Raum als begehbares Herz vorstellen, vollgerümpelt mit Hundekram: An den Wänden Schnappschüsse von Herrn und Hund, mit ungelenkem Bildaufbau und schummriger Belichtung, dazu kleine, fast kindliche Wasserfarbenporträts von Clément, gezeichnet von Houellebecqs damaliger Frau Marie Pierre. Die Abstammungsurkunde, ausgestellt vom Irischen Hundezüchterverband, verrät, wie Cléments Ururgroßeltern hießen. Das geschrumpelte, aber noch nicht ganz ausgemerzte Restmisstrauen strampelt ein bisschen, aber das hier kann unmöglich ein Witz sein, keine übersentimentale Provokation, denn dann wäre es ein schlimmer Betrug, weil einen diese Installation sofort selbst unfassbar traurig macht.

In der Mitte des Raums steht eine lange Vitrine, darin verschiedene Objekte des Hundealltags, zu unbenutzbaren Artefakten eingefroren, weil niemand mehr da ist, der mit ihnen spielen würde. Cléments Impfpass, auf dessen Foto er mit leicht weggeklappten Ohren exakt so unbehaglich aussieht wie Menschen auf Passbildern, dazu ein paar angenagte Kaubälle und etwa dreißig nachgelassene Kuscheltiere, sorgfältig etikettiert: »Große Maus«, »Kleine Kuh«, »Ente«, »Der Ball«. »Clément, such!«, steht auf einem Zettelchen, das an der Vitrinenfront klebt.

Aus den Lautsprechern brummt Iggy Pop, der auf Englisch Fox' Sterbeszene aus »Die Möglichkeit einer Insel« vorliest: Er hat den Text für sein Lied »A Machine for Loving« übernommen, das er für eine Dokumentation des Filmemachers Erik Lieshout aufnahm. Sie heißt »To stay alive – A Feel Good Movie about Suffering«, und darin sprechen Houellebecq und Pop über Kunst und Depressionen. Sein »Salle Clément« sei der einzige Raum in der Ausstellung, der autobiografisch sei, sagte Houellebecq, und der einzige ganz und gar berührende: »Er ist ein Denkmal.« Der Raum, den er den Frauen widmete und in dem Fotos seiner Ex-Beziehungen zu sehen sind, sei dagegen nur teilweise autobiografisch: »Ich habe mehrere Frauen geliebt, aber nur einen Hund.«

Es regnet schon drei Tage durch, als ich Clément auf dem Friedhof besuche. Der Cimetière des Chiens in Asnières ist nur zwanzig Minuten Tramfahrt von der Pariser Innenstadt entfernt und wahrscheinlich der älteste Tierfriedhof der Welt. 1899 hat ihn Marguerite Durand, die berühmte Suffragette, angelegt, als sie ihre zahme Löwin »Tiger« begraben musste und nicht wusste, wohin mit dem Tier. Seit ich von Cléments Tod erfahren hatte, habe ich mir öfter vorgestellt, dass ich einfach nur nach Paris fahren und lange genug auf einer Parkbank in Asnières, nahe Cléments Grab, ausharren müsste, wenn ich Michel Houellebecq einmal dringend treffen wollte. Und sei es nur, um ihm am Grab seines Hundes zu sagen, dass ich genau weiß, wie er sich fühlt.

»Ich kenne keinen Ort, an dem es mehr Beweise für die Liebe der Menschen zu ihren Haustieren gibt, als auf dem Friedhof von Asnières«, schrieb Houellebecq nach Cléments Tod an die Präsidentin der Stiftung 30 Millions d'Amis, die den eventuell zweitwichtigsten französischen Literaturpreis nach dem Prix Goncourt vergibt: den für das beste Buch mit Tierbezug – tatsächlich tagen die Jurys beider Preise im selben Restauranthinterzimmer. Wenig später trat Houellebecq auch wirklich der Tierjury bei und liest sich nun jedes Jahr durch einen hohen Stapel Katzen-, Iltis-, Tapirprosa.

Ich gehe im Regen durch die Gräberreihen und lese die Schmerzverse auf den Grabsteinen. Auch Dalila ist hier irgendwo begraben, der Hund des Komponisten Camille Saint-Saëns, ich finde zufällig die erstaunlich bescheidene Ruhestätte des legendären Filmschäferhunds Rin Tin Tin. Vor allem Hunde liegen in Asnières, aber auch einige Katzen, dazwischen mal ein Kaninchen oder eine Schildkröte, irgendwo angeblich auch ein Pferd. Manche Grabsteine zieren nur golden eingemeißelte Namen: Kiki, Caramel, Fantomas. Shiba Pen-Wenn und Wellensittich Rosalinde teilen sich ein Doppelgrab. »Hier ruhen die ersten Komondore Frankreichs«, steht auf einem sehr großen Stein, dazu ein Foto mit einem halben Dutzend dieser wurstfelligen Hütehunde. Außer ihren

Namen sind in trauriger Bürokratie auch ihre Meldenummern aus dem französischen Hunderegister eingraviert, einer von ihnen, Mount Everest, scheint tatsächlich der erste Vertreter dieser ursprünglich ungarischen Hunderasse gewesen zu sein, der in Frankreich lebte.

Ganz schwer auszuhalten ist es für mich, wenn außer den Namen der Tiere noch mehr auf dem Grabstein steht. »Socrates, unser bester Freund«, »Titus, unser lieber, kleiner Kaiser«. Bebe, wahrscheinlich ein Weimaraner, hat eine Statue von sich auf seinem Grab, dazu den Text »Menschlicher als ein Mensch, der schönste, der beste Hund, treuer Begleiter in guten und schlechten Tagen«. Ein zweiter Hund liegt mit im Grab, Goliath, den man pragmatisch kurzgefasst so würdigte: »Genauso wunderbar wie sein Vater.«

Man würde erwarten, dass dieser Tierfriedhof eine Ausstellung menschlicher Verletzbarkeit ist, über die Houllebecq sich gewohnt garstig und genüsslich hermachen würde. Stattdessen hat er seinen Hund hier begraben. Cléments Grab, das ich nach drei Stunden endlich finde, ist eingefasst von grauem Krisselgranit, ein gelber Rosenstock, eine rote Laterne. Auf dem Grabstein ist ein Foto von ihm, lächelnd wendet er sich dem Betrachter zu. Darunter liegt ein zweiter, flacher Stein, in den ein Gedicht gemeißelt ist, das Houellebecq seinem toten Freund schrieb:

> Le 25 mars 2011 au milieu de la nuit
> Ton cœur s'est arrêté de battre
> Et le monde est devenu plus terne
> Dors, mon petit bonhomme
> Que de belles escapades
> Que d'amour
> Merci petit Clément.

»Am 25. März 2011 hörte mitten in der Nacht Dein Herz auf zu schlagen, und die Welt ist trüber geworden. Schlaf, mein Kerlchen. Welch schöne Streiche. Welche Liebe. Danke, kleiner Clément.«

Kann man sich Michel Houellebecq butterweicher, herzzerreißender, ehrlicher und, ja: tiefer liebend vorstellen?

ARTHUR
SCHOPENHAUER

Jeder Hund hat drei Namen. Einen schmusigen, den man ihm in entspannten Kraulmomenten mit dieser ganz speziellen, leicht angekieksten Singsangsäuselei entgegenflötet, die Hundemenschen exklusiv für ihr Tier reserviert haben. Einen formelleren, mit dem man den Hund anspricht, wenn man ihm zeigen will, dass man etwas von ihm möchte und es damit zumindest semi-ernst meint. Und einen Kettenrasselnamen, mit dem man ihm zeigt, dass die Sperenzchentoleranz jetzt wirklich aufgebraucht ist. Mein Hund heißt Schluri/Juribert/JUUUriii!, und Schopenhauers Pudel hieß Butz/Atma/Mensch.

BUTZ

Arthur Schopenhauer hatte viele Pudel, weiße, graue, braune, und alle hatten sie offiziell denselben Namen: Atma. Das stammt aus dem Sanskrit und bedeutet so viel wie Weltseele oder Lebenshauch. Weil sich das schlecht säuseln lässt, nannte er seine Hunde in privateren Momenten Butz – als hätten sie einen eingebauten Siez- und Duz-Kanal, zwischen denen er hin und her schalten konnte. Abgeschlossen wurde die dreistufige Eskalationsnamenskombi mit dem gröbsten Wort, das der Grollprofi kannte: Wenn sein Atmabutz etwas tat, das er nicht tun sollte, schalt ihn Schopenhauer mit »Du Mensch!«.

Seine Hunde waren keine Einzeltiere, sondern eine niemals abreißende Pudel-Polonaise. Wenn einer starb, schaffte der Philosoph sich sofort einen neuen an, möglichst ein ausgewachsenes Tier, das sofort ins verwaiste Halsband des Vorgängers schlüpfen konnte. Er frisierte alle Pudel gleich, wie ein Gärtner im Barockgarten, der den Routineschnitt bei zu Figuren modellierten Buchsbaumhecken durchführt: Pömpelschwanz und Pulswärmer-Fesseln, auf dem Kopf ein Lockentuff wie bei einem opulenten Schaumbad. Schopenhauers Pudel erinnert damit schwer an Lassie, die in Wahrheit ja auch keine einzelne Wunderhündin ist, sondern von fünf Rüden gespielt wurde – wenn ein Lassiebert zu alt für den Job wurde, übernahm einer seiner Söhne, und immer so weiter. In den USA hat Lassie heute immer noch Auftritte, halsstarrig wird daran festgehalten, dass es sich natürlich um die echte handelt, auch wenn man inzwischen die elfte Rüdengeneration beschäftigt.

Vielleicht hat sich Michel Houellebecq, ein glühender Schopenhauer-Fan, von diesen beständigen Neuauflagen des immer gleichen Hundes, lange vor den Zeiten seiner tatsächlichen technischen Reproduzierbarkeit, die Inspiration für »Die Möglichkeit einer Insel« geholt, seinen Roman, in dem ein Hund immer wieder geklont wird, damit sein ebenfalls geklonter Mensch ihn immer weiter lieben kann. Und vielleicht ist ja auch Barbra Streisand leidenschaftliche Schopenhauerianerin und ließ ihre Hündin Samantha rein als Hommage an den verehrten Granteldenker klonen.

Zumindest teilt die Schauspielerin schon mal seine Neigung zu lockigen Hunden: Samantha nämlich war eine lockige Vertreterin der Rasse Coton de Tuléar, einem malteserartigen Schoßhund, der laut Rassestandard glattes, weiches Haar haben muss. Darum habe ihr Mann Samantha überhaupt erst als Geschenk ausgesucht, sagt Streisand: »Sie war die Komische, irgendwie anders als die anderen – genauso, wie ich mich als Kind gefühlt habe.« Sie habe Samantha nach ihrem Tod auch deshalb klonen lassen, weil sie nirgends einen weiteren lockigen, also vermeintlich fehlerhaften, Coton de Tuléar auftreiben konnte – ihre Kopie-Hunde Miss Violet und Miss Scarlett sind nun genidentische, ebenfalls kräuselfellige Abbilder ihrer Gen-Quelle. Aber sie sind natürlich nicht Samantha selbst, weiß auch Barbra Streisand: »Denn eine Seele kann man nicht klonen.«

Für Schopenhauer reichte die äußerliche Ähnlichkeit, um die Illusion vom ewigen Pudel aufrechtzuerhalten – dabei kümmerte es ihn auch nicht, dass manche seiner Pudel weiß- und andere braunhaarig waren. Sein Hund war für ihn auch eine wedelnde, hechelnde Illustration seiner philosophischen Gedanken, nämlich der Idee, jedes Wesen enthalte in sich auch die Gesamtheit seiner Artgenossen: Jeder Pudel hatte in seinen Augen zwar seine individuellen Eigenheiten – mancher lernte womöglich schneller Pfötchen geben als die anderen, einer war vielleicht exzentrisch genug, um Leberwurst nicht zu mögen –, aber jeder trug eben auch die typischen Eigenheiten seiner Gattung weiter. Die Essenz seiner Rassekollegen, das, was einen Pudel in seiner Pudelhaftig-

keit ausmacht und somit dafür sorgte, dass sein Butz
trotz ständigen Personalwechsels eben immer Butz
bliebe. Oder, wie Schopenhauer es in seinem Haupt-
werk »Die Welt als Wille und Vorstellung« im Kapi-
tel »Über den Tod und sein Verhältnis zur Unzerstör-
barkeit unseres Wesen an sich« formuliert: »Welch
ein unergründliches Mysterium liegt doch in jedem
Thiere! Seht das nächste, seht euren Hund an: wie
wohlgemuth und ruhig er dasteht! Viele Tausende
von Hunden haben sterben müssen, ehe es an diesen
kam, zu leben. Aber der Untergang jener Tausende
hat die *Idee* des Hundes nicht angefochten: sie ist
durch alles jenes Sterben nicht im Mindesten getrübt
worden. Daher steht der Hund so frisch und urkräf-
tig da, als wäre dieser Tag sein erster und könne keiner sein letzter seyn, und aus seinen Augen leuchtet
das unzerstörbare Princip in ihm, der Archaeus.« Mit
»Archäus« meint er vermutlich dasselbe, was eben
mit »Atma«, mit Weltseele, gemeint ist: der unka-
puttbare Pudelkern.

Mit seiner jeweiligen Coverversion des alten Pu-
del-Evergreens spazierte Schopenhauer in seinen späten Jahren täglich durch Frankfurt, allerdings besaß er
schon als Student in Göttingen wechselnde Exemplare. Wilhelm Busch hat ihn dabei in einer Karikatur

festgehalten, wir sehen das Mensch-Tier-Gespann von hinten: Schopenhauer mit clownesker Frisur, halb Glatze, halb seitwärts drängendes Reststrupphaar, der Pudel mit Klobürsten-Schwanzschur. Der Frankfurter Mundartdichter Friedrich Stoltze schreibt in seinen Erinnerungen an den Philosophen, Schopenhauer sei »auf dem ganzen Röderberg« bekannt gewesen, vor allem »seines tragikomischen Mienenspiels und der heftigen Gesticulationen halber, womit er seine lauten Selbstgespräche begleitete« – komisch, dass die Leute nicht kapierten, dass er sich einfach nur mit seinem Pudel unterhielt!

Stoltze beschreibt einen Zwischenfall bei einem dieser Gassigänge. Anscheinend war der amtierende Pudel-in-residence, ein braun gelocktes Exemplar, besonders markierungsfreudig und pinkelte an jede Gartentüre, an der er mit Schopenhauer vorbeispazierte. An einem Haus sei er dann auch noch über den Zaun gesprungen und habe sich auf einer Bank, die im Garten stand, zu einem kleinen Päuschen niedergelegt. »Ah, mein liewer Mensch, du liegst ja da wie eine auf ihrem Sockel ausgestreckte Sphinx«, habe Schopenhauer, moderat hesselnd, gerufen (wie viel weniger einschüchternd hirnmächtige Philosophie-Titanen gleich wirken, wenn man sich ihre mühsam zu lesenden Denkbrocken in herzhafter Mundart gedacht vorstellt!). Da sei Atma auch schon jaulend aufgesprungen, weil ihn der Gartenbesitzer mit einer spitzen Bohnen-Rankestange gepiekt hatte. »Sie Bauernbengel«, schimpfte Schopenhauer, der Pudelpiekser polterte grob zurück, und dieser Tumult habe dann Stoltze angelockt, der Schopenhauer hilfsbereit ein paar ihm nicht geläufige Schimpfwörter übersetzte. Eine Woche später habe Atma, die edle Weltenseele, dann allerdings in Stoltzes Garten gekackt. »Ich hatte mir, um den ›Mensch‹ aus dem unteren Garten zu verjagen, wo er unter meinen Hühnern und Enten Unheil anrichten konnte, eine Peitsche geholt und knallte damit schon im oberen Garten«, schreibt der Dichter. Schopenhauer eilte heran, und Stoltze erzählte ihm, im unteren Garten sei leider Gift ausgelegt, gegen die Marder, damit die es nicht in die Geflügelhüttchen schaffen – was natürlich nicht stimmte. »Gift? Um Gottes willen! Atma! Atma! Atma! Atma, komm her«, rief Schopenhauer in der fast etwas untermunitionierten Namenseskalationsstufe zwei, der Pudel kam, und man konnte an seiner Schnauze sehen, dass er etwas gefressen hatte. »Da haben wir es«, sagte Stoltze, »ich sehe es an dem Stückchen Papier, das ihm noch am

Maul klebt: In solches Papier war das mit Arsenik vergiftete rohe Fleisch gewickelt.«

Schopenhauer bat panisch um einen Humpen Milch, den er seinem todgeweiht geglaubten Tier zur Neutralisierung einflößen wollte, Stoltzes Frau brachte das Gewünschte, Atma trank den Krug hastig aus – und Stoltze, dem seine traurige Idee von Humor heutzutage sicher eine glänzende Comedian-Karriere einbringen würde, scharadisierte munter weiter: Oh Schreck, das sei ja gar keine Milch gewesen, sondern ätzende Kalkbrühe, mit der er gleich noch die Obstbaumstämme gegen Schädlingsbefall imprägnieren wolle! »Kalkbrühe«, rief der Professor, »auch das noch! Haus des Unglücks! Garten der Hölle!«, und eilte mit Atma davon. Wie grausam Stoltzes Prank tatsächlich war, kann man erahnen, wenn man liest, dass Schopenhauer sich einmal in einem Gespräch mit seinem Schuster beklagte, er habe seinem Hund schon zwei Mal vergiftete Fleischbrocken abnehmen müssen, die ihm jemand zugesteckt hätte: »Die Leute wissen, dass dieser Hund da das Einzige ist, was mich mit den Geschöpfen der Welt noch irgendwie verbindet. Glauben Sie mir, dieses Wissen genügt bei manchen Menschen, um meinem Tier nach dem Leben zu trachten.«

Alain de Botton schreibt in seinem Buch »Trost der Philosophie«, nach dem Erfolg seines Buchs »Parerga und Paralipomena« sei Schopenhauer so beliebt gewesen, dass sich manche Frankfurter Bürger verehrungshalber ebenfalls einen Pudel gekauft hätten. Wahrscheinlich waren das dieselben Schopenhauer-Ultras, die mitunter auch unangemeldet bei ihm zu Hause aufkreuzten, um den Philosophen kuhäugig zu bestaunen. Ich las von ihnen im »20. Jahrbuch der Schopenhauer-Gesellschaft«, der Ausgabe von 1933, die auf 418 Seiten ausschließlich Erinnerungen diverser Menschen enthält, die irgendwann einmal mit Schopenhauer gesprochen hatten und diese Dialoge nun rapportierten – teilweise ziemlich starstruck, vor allem besagte Ultras, die in ihren atemlosen Berichten auch gern den Pudel erwähnen. Einer gestand gar, er sei schwerst neidisch auf das Tier, weil es immer mit Schopenhauer zusammen sein durfte, vermutlich hätte er sich selbst gern zu dessen Füßen zusammengeknäult. Der Pudel wurde für viele Fans zum Attribut ihres Heiligen – wie die heilige Brigida zusammen mit einer Ente, der heilige Korbinian mit einem Bären, der heilige Pirmin mit einem Frosch dargestellt wurde, so war Schopenhauer in seiner verklärten Variante eben stets in Begleitung eines Pudels.

Schopenhauer selbst war solche Fanverklärung ein Graus. Er rantet in »Die Welt als Wille und Vorstellung« gegen Verehrung, die sich in »läppischem Reliquiendienst« ausdrückt, vor allem, wenn die vergötterte Geistesprominenz schon tot sei: Da den Anhängern das Leben und die Lehre ihres Angebeteten nämlich eigentlich unbekannt und unverständlich wären, begafften sie ersatzweise eben Buddhas Essnapf, Shakespeares Stuhl oder Kants Hut. Ich selbst habe zugegebenermaßen einmal im Bayreuther Richard-Wagner-Museum etwa drei Minuten lang den Sargschlüssel des Komponisten angestarrt, leichter Grusel rieselte mir über den Rücken wie feiner Grieß. »Sie können nun eben weiter nichts, als gaffen«, schreibt Schopenhauer. »Bei den Intelligenteren jedoch liegt der Wunsch zum Grunde, die Gegenstände, welche ein großer Geist oft vor Augen hatte, zu sehn, wobei, durch eine seltsame Illusion, die Verwechselung obwaltet, daß sie mit dem Objekt auch das Subjekt zurückbrächten, oder daß von diesem dem Objekt etwas ankleben müßte.« Es ist gleichzeitig tröstlich und schade, dass Schopenhauer nicht mehr in die Bedrängnis kommen musste, sich an Tagen schlimmster Galligkeit auch noch Horden von Fans erwehren zu müssen, die unbedingt ein Selfie mit ihm und seinem Pudel machen wollten.

Man beklagt ja oft und meistens zu Recht, dass Menschen dazu neigen, ihre Tiere zu vermenschlichen. Bei Schopenhauer ist der Mechanismus vertauscht: Die Geschichten über ihn und seinen Pudel dienen dazu, den sonst in wolkige Geistessphären entrückten Halter zu vermenschlichen. Indem man ihm den Hund als Maskottchen zuschreibt, schubst man ihn sacht vom Podest wieder dorthin, wo die Durchschnittlichkeit menschelt. »Wie kann man jemanden ernst nehmen, der mit einem Pudel verheiratet ist?«, sagte sein Grantelkollege Thomas Bernhard über ihn. Schopenhauer mochte uns denkerisch überlegen sein, aber er hatte auch einen Hund, wie ein normaler Mensch, und wenn der etwas Falsches gefressen hatte, blähte er dem feinen Philosophen ebenso faulig die Stube voll wie unsereinem das eigene Tier. Und vielleicht war seine Hundevernarrtheit ja auch ein leises Indiz dafür, dass Schopenhauer eben doch ein bisschen plemplem war – und selbst in die Personenkategorie fällt, die er so beschreibt: »Es gibt genug Menschen, die eine gewisse Superiorität der geistigen Kräfte haben, bei denen es aber nun auch schon rappelt.«

Die Schopenhauer'schen Pudelgeschichten reihen sich ein in das wunderliche Anekdotenrepertoire, das in dem Konversationsjahrbuch ausgebreitet wird: dass Schopenhauer ein spezielles Penisbad aus Wasser und Chlorkalk erfand, das auch hartnäckigste Bordell-Erreger abtöten sollte. Dass er beim Schuster einmal seine Stiefel reklamierte, weil sie plötzlich nicht mehr passten, und dabei nur den rechten und den linken Schuh vertauscht hatte (und obendrein unter Schweißfüßen litt). Immer wieder werden die Spaziergänge mit seinem Pudel erwähnt. *Warum* er aber seinen Pudeln so zugetan ist, darüber denkt in den geschwätzigen Rapporten niemand nach.

Dabei ist die Frage ganz einfach zu beantworten: Schopenhauer liebte Hunde, weil einem Genie gar nichts anderes übrig bleibt.

Für einen genialen Menschen, schreibt Schopenhauer, sei es das Beste, wenn er allein bliebe, »um ungestört und ungehudelt er selbst zu seyn« und in dieser Ruhe seinen eigenen Gedanken nachzugehen, mit denen sich die Nachwelt dann staunend nach seinem Tod beschäftigen dürfe, wenn sie sich an seinen nachgelassenen Hausschuhen und Fußbadewannen sattgesehen hätte. Das Leben der Genies beschreibt er als eine Art einsamen Gassigang, weil es niemanden gibt, der ihre Größe erkennen kann – »ihr Wandel durch diese Welt gleicht dem eines Spaziergängers an einem schönen, frühen Morgen, wo er, mit Entzücken, die Natur betrachtet, in ihrer ganzen Frische und Pracht; jedoch an diese sich zu halten hat: denn Gesellschaft ist nicht zu finden; sondern höchstens nur Bauern, die, zur Erde gebückt, das Land bestellen«. Mangels adäquater Gesellschaft, mit der man sich auf Augenhöhe austauschen könnte, flüchtet man sich als Genie also besser in den Monolog – oder, könnte man ergänzen, erzählt seine kühnen Theorien eben seinem Hund. »Für das Bedürfniß aufheiternder Unterhaltung und um der Einsamkeit die Oede zu benehmen«, schreibt Schopenhauer nämlich weiter, »empfehle ich hingegen die Hunde, an deren moralischen und intellectuellen Eigenschaften man fast allemal Freude und Befriedigung erleben wird.«

Kurz gesagt: Wenn die Menschen einem zu dumm sind, muss man sich zu den Hunden retten. Das klingt erst einmal grob, andererseits aber auch schlüssig für jeden, der Menschen kennt und schon mal zwei oder drei Hunde getroffen hat. Schopenhauer fügt der Fairness halber noch hinzu, dass ihn neben der Klugheit seiner Hunde manchmal durchaus auch ihre Begriffsstutzigkeit staunen ließ, darin ähnelten sie dann doch den Menschen. Über die wiederum machte er sich keinerlei Illusionen: Er glaubte nicht an das grundsätzlich Gute in ihnen oder an ihre prinzipielle Möglichkeit, sich wenigstens in Richtung des Guten zu bessern, dafür aber an die unzerstörbare Macht des Trottelwesens. Und er war fest davon überzeugt, dass wir uns fast allen Kummer, der uns täglich niederdrückt, selbst einhandeln, weil wir eben dem Irrglauben anhängen, uns mit anderen Menschen abgeben zu müssen – und dem Irrglauben, unbedingt leben zu müssen. »Sitzen ist besser als stehen, und liegen ist besser als sitzen. Besser als liegen ist schlafen, und besser als schlafen, ist todt seyn«, schreibt Schopenhauer, der alte Feelgood-Aphoristiker.

Auszuhalten sei das ganze Elend, so lange es eben dauern muss, nur in der Gesellschaft von Tieren: »Woran soll man sich von der endlosen Verstellung, Falschheit und Heimtücke der Menschen erholen, wenn die Hunde nicht wären, in deren ehrliches Gesicht man ohne Misstrauen schauen kann?«, schreibt Schopenhauer, und diesen Satz würde ich mir sofort zusammen mit ihm als gemeinsames Unterarm-Freundschaftstattoo in die Haut fräsen lassen, wenn wir zur selben Zeit lebten und dann zweifelsfrei so gut miteinander auskämen, wie das für ihn gerade noch erträglich sei. Oder wir würden diesen Satz, wenn er dann doch zu lang wäre, auf »Pets before People« verkürzen, gestochen genau über unseren schwarzen Herzen.

Das verstehen nicht alle. Jeden Tag nahm Schopenhauer seinen Pudel mit in den »Englischen Hof«, wo er zu Mittag aß, was ihm regelmäßig verleidet wurde, wenn sich fremde Gäste mit an den Tisch drängten – außer, sie lieferten im Small Talk interessanten Hunde-Content. Der Komponist Xaver Schnyder von Wartensee berichtet im schon erwähnten Gespräche-Jahrbuch, er habe bei einer Plauderei zugehört, in der Schopenhauer seiner neuen, ebenfalls hundevernarrten Bekanntschaft sein Drei-Namen-System erklärte. Er habe dann sehr plastisch erzählt, wie jämmerlich sein Pudel sich in seine Ecke verkrieche, wenn er ihn mit den Worten »Pfui, du bist kein Hund, du bist nur ein Mensch, schäme dich!« schimpfe. »Ich sah ihm an, dass er dachte, so sind die Menschen – die Kanaille!«, schreibt Wartensee: »Man kann sie unter die Hunde herabsetzen, und sie mucksen nicht. Da sagte ich ihm mit lauter Stimme: Herr Doktor, einem solchen, der seinem Hund, wenn er ihn beschimpfen will, Mensch sagt, einem solchen kann man entgegnen, wenn man ihn ehren will: Du Hund!« Schopenhauer sei kurz das Gesicht entgleist, aber dann habe er geantwortet: »Ja, ich habe nichts dagegen.«

Wenn es keine Hunde gäbe, sagte Schopenhauer bei anderer Gelegenheit, wolle er nicht leben. Und erklärte auch, was genau ihm seine Pudelfreunde so wertvoll mache: »Mein Hund ist durchsichtig wie Glas.« Während nämlich der Mensch ständig reflektiere, taktiere und über abstrakte Motive nachdenke, lebe der Hund, wie alle Tiere, ganz in der Gegenwart. Und erinnere darum im Idealfall auch seinen Menschen daran, mit dem Kopf mehr im Jetzt zu bleiben. Der Hund als Achtsamkeits-Coach, um kurz schwurbelig zu werden: »Was nämlich Einer durch das Hoffen und Erwarten einer Befriedigung zum voraus genießt, geht nachher, als vom wirklichen Genuß derselben vorweggenommen, von diesem ab, indem die Sache selbst dann um so weniger befriedigt. Das Thier hingegen bleibt, wie vom Vorgenuß, so auch von dieser Deduktion vom Genüsse frei und genießt sonach das Gegenwärtige und Reale selbst ganz und unvermindert. Und ebenfalls drücken auch die Übel auf dasselbe bloß mit ihrer wirklichen und eigenen Schwere, während uns das Fürchten und Vorhersehn diese oft verzehnfacht«, schreibt Schopenhauer in »Nachträge zur Lehre vom Leiden der Welt«. Schenkt man einem Hund ein Stück Fleischwurst, frisst er sie und freut sich – er bangt nicht vorher, ob er wohl ein Scheibchen bekommen wird, er steigert sich nicht in überzogene Vorfreude, die ihm den realen Wursthappen dann gar nicht mehr so lecker erscheinen lässt, und er grämt sich hinterher nicht, welchen unnötigen Fettbissen er gerade wieder verschlungen hat, ach je, das Cholesterin und das vermaledeite Dreifachkinn! Haustiere seien »die personificirte Gegenwart«, schreibt Schopenhauer: »Sie machen uns gewissermaßen den Werth jeder unbeschwerten und ungetrübten Stunde fühlbar, während wir mit unsern Gedanken meistens über diese hinausgehen und sie unbeachtet lassen.«

Seine Hunde waren für Schopenhauer allerdings kein wedelndes Aufheiterungspersonal, er setzte sich in seinen Schriften auch aktiv für ihre Rechte ein – wahrscheinlich war er der erste westliche Philosoph, der Tiere ernsthaft zum Thema machte. Seit er 1856 auf der Frankfurter Michaelismesse in einer Schaustellerbude einen leibhaftigen Orang-Utan getroffen hatte, war er überzeugt von der Verwandtschaft aller lebenden Wesen – nach dieser Begegnung habe er sich sein ganzes Leben lang gesehnt, erzählte er begeistert einem Weitertratscher aus dem Jahrbuch. Bislang kannte er diese Affenart nur von Abbildungen oder als ausgestopftes Präparat, nun stand er tatsächlich einem lebenden Exemplar gegenüber, das gerade eine Mahlzeit verzehrte und mit einem Löffel hantierte: »Und wie ich näher komme – umarmt er mich!«, erzählte Schopenhauer seinem Bekannten, um die Affenumhalsung dann auch noch nachzuspielen. Klassische Fragebogenfragen wollen ja öfter mal von einem wissen, bei welchem historischen Ereignis man gern dabei gewesen wäre. Seit ich von Schopenhauers Michaelismessenerlebnis weiß, gibt es für mich nur eine Antwort: Ich hätte gern hautnah miterlebt, wie Schopenhauer mit einem riesigen, fozziebärfarbenen Affen schmust.

Oder, wenn dieser Erlebnisgutschein schon vergeben ist, meinetwegen auch eine seiner großen Beschimpfungen des Christentums, befeuert von der Respektlosigkeit, die diese Religion seiner Ansicht nach den Tieren gegenüber praktiziere. Über den Bibelvers im Alten Testament, in dem Gott dem frischgebackenen Menschen den Auftrag gibt, über die Tiere der Welt zu herrschen, konnte er sich besonders erregen. Jeder Hundehändler sorge besser für seine Tiere als Gott für seine Schöpfung, gallte Schopenhauer, der zweifellos im Verlauf seiner Pudelbiografie mit einigen Hundehökern zu tun gehabt haben muss: »Er verkauft mir keinen Hund, ohne beim Weggehen zu sagen ›aber behandeln Sie ihn auch gut!‹.« Besonders mag ich, wie sich Schopenhauer über ein weiteres Bibel-Detail echauffiert: die Tatsache, dass Adam den Tieren ihre Namen geben darf – als wäre er, wütet der Philosoph, »ein Professor der Zoologie«!

Ich sehe das alles ähnlich wie Schopenhauer – und finde es unangenehm, das Verhältnis von Mensch und Hund als System von Über- und Unterordnung zu verstehen. Und könnte, wenn ich an die Freundschaft mit meinem Hund denke, auch nicht auf Anhieb sagen, wer hier eigentlich wen »besitzt« – oder wer eigentlich genau wen gerettet hat, auch wenn ich ihn, formal gesehen, als ungewollten ibizenkischen Straßenhund zu mir genommen habe (und derzeit auch noch ich unsere gemeinsame Miete bezahle, bis Juri endlich als kapriziöses, aber topgalantes Model entdeckt wird). Schopenhauer und ich könnten so schon zusammen über Kant lästern, den er zwar genug verehrte, um sich eine Büste des Philosophenkollegen in die Stube zu stellen, der Tiere aber tatsächlich für seelenlose Verfügungsmasse hielt. Und es nur deshalb falsch fand, Tiere zu quälen, weil der Mensch dadurch moralisch verrohen würde und später dann auch grausam gegenüber anderen Menschen werden könnte.

Schopenhauer, der zu den ersten Mitgliedern des 1841 gegründeten Frankfurter Tierschutzvereins gehörte, reichte das nicht als Argument dafür, warum man Tiere gut behandeln sollte: »Als ob bloß der Mensch ein unmittelbarer Gegenstand der moralischen Pflicht wäre, das Tier bloß ein mittelbarer, an sich eine bloße Sache! Pfui!« Wer nämlich empathisch genug sei, mit einem leidenden Wesen mitzufühlen, erkenne darin immer auch sich selbst. »Die Welt ist kein Machwerk und die Tiere kein Fabrikat zu unserm Gebrauch«, schrieb Schopenhauer – und ließ sich im »Frankfurter Hof« trotzdem gern Braten servieren. Vielleicht hätte er nicht nur mit einem Orang-Utan, sondern auch mal mit einer Kuh kuscheln sollen. Bei mir hat genau das geholfen, endlich Vegetarierin zu werden.

Weniger widersprüchlich war Schopenhauer in seiner Haltung Hunden gegenüber. Besonders schlimm fand er es, wenn ein Hund an der Kette leben musste: »Nie sehe ich einen solchen ohne inniges Mitleid mit ihm und tiefe Indignation gegen seinen Herrn, und mit Befriedigung denke ich an den vor einigen Jahren von den Times berichteten Fall, daß ein Lord, der einen großen Kettenhund hielt, einst, seinen Hof durchschreitend, sich beigehn ließ, den Hund liebkosen zu wollen, darauf dieser sogleich ihm den Arm von oben bis unten aufriß, – mit Recht! er wollte damit sagen: ›Du bist nicht mein Herr, sondern mein Teufel, der mir mein kurzes Dasein zur Hölle macht.‹ Möge es Jedem so gehn, der Hunde ankettet.«

Schopenhauer selbst ließ seine Pudel natürlich mit in seiner Wohnung wohnen und nahm deswegen sogar einen Umzug im hohen Alter in Kauf. 30 Jahre lang lebte er in Frankfurt in der Schönen Aussicht Nummer 17, bis er kurz nach seinem 70. Geburtstag, 15 Monate vor seinem Tod, schließlich in das Haus nebenan zog, da die Nachbarn seinen Pudel nicht mehr im Haus dulden wollten, weil das damals unüblich war. Es war in der Vergangenheit gelegentlich zu kleineren hundebezogenen Tumulten gekommen, zudem fütterte Schopenhauer wohl öfter mal herrenlose Hunde im Hauseingang. Lucia Franz-Schneider, die ein kleines Mädchen war, als Schopenhauer schließlich mitsamt Pudel in die Schöne Aussicht Nummer 16 zog, ein Stockwerk unter die Wohnung von Lucias Familie, hat ein Büchlein über ihre Erinnerungen an diese Zeit geschrieben. Besonders gut gefällt mir, wie ihr Vater, wenn sie und ihre Geschwister nicht gehorchten, immer mit dem gruseligen

Zauselnachbarn drohte: »Ich hole gleich den Schopenhauer!« – ein Status als Schreckgestalt, den ich mir dringend für meine eigene Greisenzeit wünsche.

Einmal wurde Lucia dann auch von Atma – dieses Mal in einer graufarbigen Inkarnation – umgeworfen, als der sie im Überschwang ansprang, weil er ihren Pelzmuff mit einem lebenden Kaninchen verwechselte. Schopenhauer brachte ihr am nächsten Tag eine Entschädigungspuppe als Schmerzensgeld und ließ Atma Pfötchen geben und andere Kunststücke machen. Der Philosoph war nämlich offenbar auch ein begabter Hundetrainer, der seinen Pudeln allerhand beibrachte. Der Amtsinhaber zu Lucias Zeiten konnte beispielsweise selbstständig einkaufen gehen und wusste auch, in welchem Laden er die Besorgungen machen sollte. Schopenhauer hatte zu diesem Zweck drei verschiedene Körbchen angeschafft: Eines stand für den Metzger, eines für den Bäcker, das letzte für das Kolonialwarengeschäft. Auch anderweitig erwiesen sich seine Pudel als sehr nützlich: Schopenhauers Haushälterin schor sie regelmäßig und strickte aus ihrer Wolle Strümpfe für ihn.

In Frankfurt hielt sich hartnäckig das Gerücht, Schopenhauer besitze nicht nur einen Pudel, sondern gleich 16 Hunde – tatsächlich waren es nur 16

Kupferstiche von Pudelporträts, die an seinen Zimmerwänden hingen, und diese inneneinrichterische Exzentrik war beim plapperigen Weitertratschen ein bisschen in Richtung Hundemessie verrutscht. Ich freue mich sehr, dass ich auch diese Marotte mit Schopenhauer teile: Über meinem Wohnzimmersofa hängen derzeit zehn Porträts meines Hundes, gemalt von verschiedenen Künstlern in verschiedenen Stilen. Es ist eine Verherrlichungsgalerie in progress, und als Hommage an Schopenhauer, meinen Hundebuddy im Geiste, werde ich die Sammlung bei Nummer 16 schließen.

Außer den Bildern gab es in Schopenhauers Stube auch eine Büste, die einem seiner Pudel nachempfunden war und die mit ausgestreckten Vorderpfoten aus der Wand herauszuspringen schien. Modelliert wurde sie wohl von Elisabeth Ney, die eigentlich ein bildhauerisches Porträt von Schopenhauer selbst schaffen wollte, wogegen dieser erst knarzigen Widerstand leistete – sie gewann sein Herz, als sie ihm anbot, im Anschluss auch noch seinen Pudel zu porträtieren.

Drumherum, um den Hundewahnsinn ein bisschen zu kaschieren, hingen diverse Fotografie-Vorläufer, die Schopenhauer selbst zeigten, ein Pastellbild seiner Mutter, Kupferstichporträts von Shakespeare und Cartesius, Kant und Matthias Claudius. Auf seinem Pult stand außerdem eine Büste, die Kant in Toga zeigte, irgendwo dazwischen ein goldener Buddha. Auf dem Boden lag ein schwarzes Bärenfell, auf dem der Pudel schlief – obwohl der junge Schopenhauer bei einem Besuch in Potsdam mit eigenen Augen gesehen hatte, was Hunde im ärgsten Fall in einer Wohnung anrichten können. In seinem Reisebericht notierte der 12-jährige Arthur: »Nachmittag fuhren wir nach dem Schlosse Sans-souci, welches Friedrich der Grosse erbaut hat. Das Schloss ist nicht gross, sehr altmodisch, u. die Möblen sind von den Hunden des grossen Königs, deren Gräber wir sahn, ganz zerfetzt.«

Schopenhauers Hundekunst ist leider nicht erhalten, sein Nachlassverwalter Julius Frauenstädt hat alle Bilder entsorgt. Gemäß Schopenhauers Wünschen blieb Atma-Butz bei seiner Haushälterin Margaretha Schnepp, die dafür sämtliche Möbel und eine Rente erhielt. Zu Lebzeiten hatte sich Schopenhauer oft darüber aufgeregt, dass Menschen nicht neben ihren Hunden begraben werden durften (oder umgekehrt). Wenigstens war Atma bei ihm, als er ging. Als seine Haushälterin Arthur Schopenhauer am 21. September 1860 tot in seinem Bett fand, stand Atma vor dem

Bett und leckte ihm die Hände, die langsam kalt wurden – und winselte, schreibt Lucia Franz-Schneider,
»als ob er verstünde, daß der, der ihn so sehr geliebt,
nicht mehr sei«.

MARILYN MONROE

Er sah sie an und konnte nur hecheln. Jeff, der neunjährige Spaniel, legte Marilyn Monroe die Pfote auf den Arm und schnaufte schwer. »Jeff, Jeff! Speak boy, speak!«, feuerte ihn sein Trainer mit der internationalen Hundebefehlsversion von »Gib Laut!« zu performerischer Perfektion an, »Tippy, my goodness«, süßelte Marilyn, von der man, weil seitlich gefilmt, nur eine weißblonde Ponywoge und knallrote Lippen sah: »Du bist aber fett geworden, was um Himmels willen haben sie dir gefüttert?« Aber Jeff, Rollenname Tippy, bellte nicht mehr, er hechelte nur und starrte Marilyn an oder

drehte sich aus dem Bild, und so war die Wiedersehensszene zwischen heimkehrender Familienmutter und glücklichem Familienhund für »Something's Got to Give« auch nach gut zwanzig Takes immer noch nicht im Kasten.

Marilyn Monroe fand das wahnsinnig komisch. Giggelte, prustete, umarmte den Minderleistershowbizhund, der sich in ihren Haaren verhedderte. »Something's Got to Give« sollte eine Neuauflage der Komödie »My Favorite Wife« werden, Monroe neben Dean Martin die Hauptrolle spielen, eine Frau, die nach einem Schiffsunglück sieben Jahre verschollen war und nun zu ihrem Ehemann zurückkehrt, der sie allerdings tot wähnte und sich längst anderweitig verheiratet hatte. Die Dreharbeiten wurden am 29. Mai 1962 für einen Tag unterbrochen, damit Monroe im Madison Square Garden ein Geburtstagslied für einen Präsidenten singen konnte, und der Film wurde nie fertiggestellt, nur das Spaniel-Spektakel ist als achtminütiger Clip auf Youtube konserviert. Bald darauf wurde Monroe wegen chronischen Fernbleibens von den Dreharbeiten gefeuert. Wenn sie erschien, konnte sie sich manchmal nicht an ihren Text erinnern, weil sie Tabletten genommen hatte, hieß es. Zwei Monate später war sie tot.

Dass Laiendarsteller Jeff im Film Tippy heißt, war Monroes Idee, ein schauspielerischer Emotionen-Freischarr-Trick: Tippy hieß der Hund, den das Mädchen, das damals noch Norma Jeane hieß, von ihrem Pflegevater geschenkt bekam, in dessen Familie sie gelandet war, weil ihre Mutter wegen ihrer Schizophrenie nicht für sie sorgen konnte. Mal lebte Norma Jeane bei einer Freundin ihrer Mutter, dann auch in einem Kinderheim, bis die Bolanders sie vorübergehend bei sich aufnahmen. Tippy war ein schwarzweißer Mischling, ein Streuner, und dass ausgerechnet die beiden aneinandergepuzzelt wurden, war kein Zufall, das versteht man, wenn man erst verstanden hat, dass nicht alle Rettungshunde ein Schnapsfass um den Hals tragen – eigentlich tun das sogar die allerwenigsten.

Jeden Tag begleitete der Hund sein Mädchen in die Schule und wartete dort auf sie. In der Pause spielten Tippy und Norma Jeane miteinander, manchmal machte auch ihr Pflegebruder Lester mit. Ein paar Jahre später schrieb das Mädchen ein Gedicht für den Hund: »Der Hund, der beste Freund des Menschen (Hommage an Tippy)« heißt es und beschreibt, wie sie, Lester und Tippy jeden Tag gemeinsam zur Vorschule liefen. Leider geht das Gedicht nicht gut aus, die letzten zwei Strophen erzählen von Tippys grausigem Ende: »Once too often«, einmal zu viel, schreibt Marilyn, rollte sich Tippy auf dem Nachbarrasen herum, der liebe Hund, der doch nichts anderes wollte, als vor der Schule auf seine Menschenfreundin zu warten, »& the shot rang out«.

> »all Tippy wanted to do
> was to be friendly
> & wait for me
> at school«,

endet das Gedicht. Tippy starb, als Norma Jeane ungefähr sechs war. Der Nachbar habe den Hund erschossen, weil er sich davon belästigt fühlte, dass Tippy sich gern mal vor Behagen in seinem Garten herumwälzte, sagte ihr die Pflegemutter. Der Nachbar habe Tippy mit einem Spaten erschlagen, fast in zwei Hälften geteilt, erzählte Monroe später selbst. Vermutlich sind beide Versionen so nie passiert: Pflegemutter Ida Bolander erklärte einmal, sie habe die Geschichte vom Ballernachbarn erfunden, damit Norma Jeane sich keine Vorwürfe machte, sie hätte den Hund besser von der Straße fernhalten müssen. Tatsächlich sei Tippy nämlich überfahren worden.

Diesen Unfall mit Todesfolge im offiziellen Narrativ nun gegen einen brutalen Mord zu tauschen, scheint bei einem spontan aufgestellten Traumatisierungswahrscheinlichkeitsranking eine zumindest fragwürdige Entscheidung. Norma Jeane jedenfalls half die vielleicht wirklich gut gemeinte Erklärung in ihrer Trauer nicht, stattdessen steigerte sie sich immer mehr in ihre Spatenidee hinein, schließlich hatte sie das vermeintliche Mordwerkzeug ja mit eigenen Kinderaugen gesehen – obwohl die Schaufel in Wahrheit nur deshalb neben dem tödlich verletzten Hundekörper lag, weil Ida Bolander Tippys Leiche damit von der Straße geschippt hatte. Norma Jeane bestand darauf, der Nachbar habe den Mordanschlag lange geplant, und trauerte sehr um ihren Hund. Sein Tod lenkte ihr Leben wie eine Billardkugel, die ganz am Ende ihres Laufs noch eine andere anstößt, in eine andere Richtung: Norma Jeanes Mutter kam, um ihre Tochter zu trösten und gemeinsam den Hund zu beerdigen, fand sie dann in der strengen Pflegefamilie schlecht aufgehoben und beschloss, sie wieder zu sich zu nehmen.

Tippy hat Marilyn Monroe nicht vergessen: Sein Name war auch fast dreißig Jahre sofort wieder da, als es darum ging, für die Kamera aus einer schnellen

Hundebegegnung maximale Emotionen zu wringen. In den Jahren dazwischen scharwenzelten verschiedene Artgenossen in ihr Leben, von denen man nur so viel weiß, wie in einen Schnappschuss passt, weil sie oft nicht viel länger blieben. Der weiße Schäferhund, mit dem sie in ihrem ersten bezahlten Fotoshooting posierte – er gehörte dem Zahnarzt des Fotografen, Marilyn verband ihm auf den Bildern die Pfote, weil das Foto für Bandagen-Werbung verwendet werden sollte. Muggsie, der Collie, den sie während ihrer ersten Ehe mit Jim Dougherty adoptierte, um den sich Norma Jeane nicht mehr viel kümmern konnte, als sie Ende der Vierzigerjahre Marilyn Monroe wurde. »Muggsie ist an gebrochenem Herzen gestorben«, behauptete Dougherty. Dann kam Josepha, ein Chihuahua, den ihr Filmproduzent Joe Schenck zum 24. Geburtstag schenkte und mit dem sie zwei Jahre später für ein Foto posierte: Beide spielen im Garten, der hopsende Hund ist in der Luft eingefroren wie ein Erdmännchen im Trampolinflug, sie trägt Shorts und streckt ein perfektes Bein. Irgendwo dazwischen: diverse Päppelhunde, denen Monroe kurz Pflegemutter war – reichlich Material für laienpsychologische Projektionstheorien. In verlassenen Hunden sah sie aber womöglich wirklich immer auch ein

Stück ihrer eigenen kindlichen Verlorenheit, die sich nun auch nachträglich nicht mehr kitten ließ – auch wenn sie es versuchte, ein armes Stolperhündchen nach dem anderen.

1952 traf Marilyn Lassie, die echte, leibhaftige, oder zumindest ihre offizielle aktuelle Inkarnation. Beide begegneten sich bei einer Party im Haus von Bandleader Ray Anthony, und eigentlich würde man erwarten, dass sich die geballte Showbizenergie des Universums da in einer Art Kugelblitz entladen würde, dass es mindestens sichtbare Funken sprühen müsste, wenn zwei mythische Hollywoodgestalten dieses Kalibers aneinanderklackern, der ultimative Hund und die ultimative Frau, und A-Hörnchen und B-Hörnchen tuten dazu auf winzigen Posaunen himmlische Fanfaren wie beim Jüngsten Gericht. Tatsächlich aber war das Treffen eine eher traurige Angelegenheit, von der ein paar deprimierende Youtube-Sekunden übrig geblieben sind: Marilyn steht, sanduhrig in Form gezurrt, einfach so da, Lassie wird ihr zugeführt und soll Männchen machen, sie streckt ihm – Lassie war, wie wir inzwischen wissen, in Wahrheit ein Multirüden-Konstrukt – die Hände entgegen, und der berühmteste Hund der Welt, eher lethargisch, wird von irgendwelchen Gehilfen schließlich hochgewuchtet, damit er auf seinen Hinterbeinen steht, es sieht mühsam und freudlos aus.

Ich bin ohnehin kein Lassie-Fan und war es auch nie, schon als Kind war mir dieser Hund einfach immer zu gut frisiert. Ich hielt Lassie bereits damals für ein verschlagenes Hundetier und konnte es ihr nie ernsthaft abnehmen, dass sie rein zufällig und völlig spontan immer dann an einer bestimmten Stelle vorbeischarwenzelte, wenn ihr Trottelherrchen dort gerade in einem Stollen verschüttet, in einen Brunnen gefallen oder anderweitig durch eigene Blödheit in Not geraten war. In Wahrheit, so mutmaßte ich schon als Kind, hatte Lassie sämtliche dieser Unfälle und Malheurs minutiös geplant, um ihr selbstloses Wunderhund-Image weiter zu zementieren. Wahrscheinlich war sie sogar ein solch epochales Planungsgenie, dass es ihr gelang, auch noch Komplizentiere dafür einzuspannen, die Drecksarbeit zu machen. Sie gruben Löcher (Erdferkel) und nagten Löcher in Boote (Biber), während Lassie sich in aller Ruhe die Haare glättete. Natürlich sind diese Gedanken deprimierende Belege meiner frühen, extrem vorzeitigen Desillusionierung, aber viel lieber als Lassie schaute ich eben damals »Vorsicht Falle«, die Warnsendung gegen Nepper, Schlepper und Bauernfänger, weshalb ich schon in jungen Jahren solch misstrauische Gedanken entwickelte. Ähnliche Vorbehalte hatte ich auch gegen Flipper.

Mit dem Schriftsteller Arthur Miller, den Marilyn Monroe 1956 heiratete, kam auch Hugo in ihr Leben, sein Basset. Im Winter lebten sie zu dritt in New York, die Sommer verbrachten sie ländlich in Connecticut, wo Marilyn Hugo mit torfigen Schlammfüßen in ihr frisch eingerichtetes Wohnzimmer rennen ließ und auf dem Küchenboden einer schwangeren Streunerkatze bei der Geburt beistand. Hugo kam ihr wegen des rassetypischen Triefblicks immer etwas depressiv vor, weswegen sie ihm gelegentlich löffelweise Scotch einflößte, um ihn aufzumuntern. Auch seine kurzbeinigkeitsbedingte Bodennähe bereitete ihr Sorgen: Wenn Hugo in ihrem an einigen Stellen eher felsgrundigen Garten unterwegs war, befürchtete sie stets, er könnte schleifenderweise sein Genital in Mitleidenschaft ziehen. »Be careful, Hugo!«, rief sie ihm dann mit ähnlichem Betütelungseifer zu, wie sie ihn zehn Jahre zuvor auch gegenüber einer Kuh empfunden haben musste, welche auf einer Weide gegenüber dem Haus stand, in dem Marilyn damals mit Jim lebte. Als es eines Nachts weltuntergangsreif regnete, stapfte Marilyn hinaus, um die Kuh aus dem

Unwetter zu retten und sie in ihrem eigenen Wohnzimmer unterzustellen. Es sei für seinen Onkel nicht leicht gewesen, erzählte Doughertys Neffe einmal, sie von diesem Plan wieder abzubringen.

Außer einem Hund mit überdurchschnittlich niedrig hängendem Penis war Hugo auch eine Hülle, eine Rolle, in die Monroe schlüpfen konnte, wenn sie mit Arthur Millers Kindern kommunizierte – für seinen Sohn und seine Tochter war sie die Frau, für die ihr Vater ihre Mutter verlassen hatte, und Hugo wirkte wie eine vermittelnde Instanz, als niedlichster gemeinsamer Nenner. Also schrieb ihnen Marilyn, dass ein Esel Hugo auf die Nase getreten hatte, die Schwellung jetzt mit Eis gekühlt werden musste und dass er von einem Spaziergang nach Hause kam und unerklärlicherweise einen Frauenschuh dabeihatte. Sie schrieb ihnen auch Briefe in Hugos Namen, dass er sie vermisse und dass es ihm leidtue, dass er ihren Baseball zerkaut hatte, er habe ihn versehentlich mit einem Tennisball verwechselt. Es sind sanfte, flüchtige Habt-mich-lieb-Miniaturen, Marilyn im Hundepelz.

Nach der Scheidung blieb Hugo bei Arthur Miller. Der modellierte ihr wenigstens noch eine Abschiedsfigur nach ihrem Vorbild: In »The Misfits«, ihrem letzten, vollendeten Film, spielt sie Roslyn, eine vehemente Tierschützerin, die entsetzt ist, als eingefangene Wildpferde zu Hundefutter verarbeitet werden sollen.

Marilyns Freundschaft mit Maf, ihrem letzten Hund, muss man vom Ende her erzählen. Denn es gibt ein tieftrauriges Foto, aufgenommen am Tag ihres Todes. Weder Monroe noch ihr Hund sind darauf zu sehen, es zeigt ihren Garten mit dem Swimmingpool, verlassen und leer. Erst wenn man genau hinschaut, sieht man am Rand des Beckens Mafs verstreute Spielsachen liegen, zwei dorthin verschleppte Stofftiere, man kann nicht einmal richtig erkennen, was sie genau darstellen sollen, aber man versteht sofort, was sie sagen: Sie war nicht allein. Hier ist jemand gestorben, der einen kleinen Hund hatte, und auch diese Freundschaft hat ihr nicht helfen können, das macht das Traurige gleich noch mal ein ganzes Stück trauriger.

Maf war ein Hund wie ein Fussel. Geboren 1960 auf einem schottischen Bauernhof, wuchs er bei der Schwester von Virginia Woolf auf, bevor er an einen Hundehändler in Sussex verkauft wurde. Dort entdeckte ihn Maria Gurdin, eine russische Emigrantin und Mutter der Filmschauspielerin Natalie Wood, die ihn mit nach Amerika nahm. Der Welpe sollte ein Geschenk für Woods Freund Frank Sinatra sein, der hatte allerdings noch eine andere Freundin namens Marilyn, an die er den Hund weitergab. Sie nannte ihn Maf, kurz für Mafia, eine ironische Anspielung auf Sinatras angebliche Verstrickungen in die Abgründe des organisierten Verbrechens. Da diese Assoziation aber zu grausig für einen kleinen Hund wäre, hängte Monroe noch einen zuckrigen Zweitnamen an. Mit vollem Namen hieß ihr Hund also Mafia Honey, und das ist für mich der zweitschönste zweiteilige Hundename nach Schlupp-Sabine, wie ein mir persönlich bekannter Bedlingtonterrierrüde heißt, jener seltenen Hundesorte, deren Vertreter aussehen wie außerirdische Schafe, wenn man ihnen streng nach Rassestandard einen überdimensionierten, flaumigen Eierkopf und glatte Ohren mit abschießenden Bömmelpompons frisiert. (Schlupp-Sabine trägt nichts dergleichen, sondern einheitlich kurze Frotteeschur.)

Welcher Rasse Maf genau angehörte, ist nicht ganz klar. Seine Eintragung ins New Yorker Hundemelderegister vom 18. Juli 1961 listet ihn als fünf Monate alten Pudel, ein Jahr später wurde er in Los Angeles als Malteser eingetragen, die Wahrheit ist vielleicht ein seidiger Mix aus beidem. Es gibt eine Reihe von

Schnappschüssen, die Marilyn machte, als Maf gerade bei ihr eingezogen war. Kleiner Hund auf großem Sessel, ein bisschen verloren auf dem zerknautschten Bett, unaufgeräumte Bilder, bei denen die Fotografin so auf das Süßtier fixiert ist, dass sie den schiefen Hintergrund gar nicht sieht. Solche Haustierfotos sehen immer gleich aus, egal, ob sie ein Fliesenleger oder ein Filmstar macht. Maf, noch nicht hineingewachsen in sein neues Leben, wirkt darauf herzzerreißend verhuscht, als suche er noch seinen Platz, und vielleicht war er darum der beste letzte Hund für eine Frau, die ihre Rolle auch noch nicht gefunden hatte. Die kein Schoßtier der großen Studios, kein Busen-und-Popo-Püppchen sein wollte in einer Zeit, in der es für Schauspielerinnen noch kaum andere Berufsinterpretationen gab. Womöglich war der Mafia-Witz nicht der einzige Grund, der Maf seinen Namen gab. Vielleicht gab Marilyn ihrem Hund einen Namen, der wie eine gewuffte Abkürzung ihres eigenen klang, weil sie sich ihm in seiner hilflosen Flusigkeit direkt verbunden fühlte.

Ihre Kollegin Celeste Holm verglich Marilyn Monroes schauspielerische Qualitäten einmal mit denen eines Welpen – man mag es kaum glauben, aber das war gemein gedacht: Selbst einem Hundebaby, so

Holm, würde es nämlich gelingen, vor der Kamera süß und albern herumzutollen, wenn man es nur genügend ermuntere. Als sie Monroe zum ersten Mal sah, sei ihre natürliche Reaktion eine Frage gewesen: »Whose girl is that?«, habe sie wissen wollen, als frage sie, wem das kleine, niedliche Hündchen da denn gehöre. Marilyn Monroe hatte die passende Antwort darauf schon bei anderer Gelegenheit gegeben: »Dogs never bite me. Just humans.« Nie haben ihr Hunde wehgetan, immer nur Menschen.

Man weiß nicht viel darüber, wie Marilyn und Maf genau die 18 Monate verbrachten, die sie zusammen hatten. Es gibt ein Buch, das Monroes Leben aus Hundeperspektive erzählt – »The Life and Opinions of Maf the Dog and of His Friend Marilyn Monroe« von Andrew O'Hagan –, doch darin sprechen Katzen nur in Reimen, Ratten wie gossige Bewohner Brooklyns, und Maf zitiert Plutarch und Proust.

Sicher ist, dass Maf zu Marilyn kam, um sie nach der gescheiterten Ehe mit Arthur Miller zu trösten. Sie ließ sich im Januar 1961 scheiden, am selben Tag, an dem John F. Kennedy zum Präsidenten vereidigt wurde. Anschließend zog sie mit Maf von New York zurück nach Hollywood und richtete sich das Haus mit dem Swimmingpool ein. Von ihrer dritten Ehe blieb ihr nur der teure, weiße Biberfellmantel, den Miller ihr geschenkt hatte, und auf dem sie nun Maf schlafen ließ. »Ich lebe hier ganz allein mit meinem kleinen, weißen Schneeball«, sagte Marilyn, wenn jemand sie nach ihren Lebensumständen fragte. Und schrieb »Allein!!!!!!! Ich bin allein« in eines ihrer schwarzen Notizbücher. »Ich bin immer allein, egal, was ist.«

Allein, bis auf Maf. Der Umstand, dass er sie durch ihre letzten eineinhalb Jahre begleitete, als letztes beschmustes Wesen, als letzte von kleinlichen Missverständnissen unberührbare Liebe, verleiht seiner Position als Schoßhund, dieser oft als hätschelige Spielerei eingestuften Hunderolle, einen sonderbaren Ernst. Viele Hollywood-Diven hielten sich zu Marilyns Zeit ähnlich handliche Hündchen, Elizabeth Taylor und Bette Davis hatten ebenfalls Malteser, Audrey Hepburn einen Yorkshireterrier namens Mr. Famous, und Orson Welles schenkte Rita Hayworth einen kleinen Schoß-Spaniel. Verglichen mit anderen berufstätigen Hunden, die schützen, hüten, jagen, mag man den kuschellastigen Tätigkeitsbereich eines Schoßhunds belächeln, doch ein schnelles Skippen durch Monroes letzte Monate lässt ahnen, wie wichtig ihr Maf als unbedingt verlässlicher, niemals urteilender Tröster und Vertrauter war. Da waren die Affärengerüchte, mal mehr, mal weniger verfestigt, mit Präsident Kennedy, seinem Bruder Bobby, mit Sinatra und dem Gangster Sam Giancana. Da waren die aufreibenden Psychoanalyse-Sitzungen, die depressionsbedingte Zwangseinweisung in die Psychiatrie. »Ich liebte es, auf sie aufzupassen«, lässt Andrew O'Hagan seinen fiktiven Maf sagen, »aber ich war nicht sehr gut darin. Ich habe ihre dunkle Stimmung absorbiert.« Ein weißes Hündchen, das deshalb so flauschig ist, damit es die Traurigkeit besser aufsaugen kann, eine schöne Idee.

Man weiß, dass Marilyn Monroe an ihrem letzten Abend wie immer ihr Telefon aus dem Schlafzimmer in den Gang stellte und unter einem Berg Kissen begrub, um nicht geweckt zu werden. Weil Maf nachts gern den Wind anbellte, der in den aufgehängten Glasmobiles im Garten bimmelte, brachte ihn Monroe zum Schlafen ins angrenzende Gästehaus, wo der Bibermantel lag. Auf dem letzten Foto, das es von Maf gibt, wird er von einem Polizisten aus dem Haus geführt. Am 5. August 1962 stirbt Marilyn Monroe mit 36 Jahren an einer Überdosis Schlafmittel. Sie hinterlässt einen kleinen Hund.

Maf wird von Sinatras Sekretärin Gloria Lovell aufgenommen. 1974 überfährt ihn ein Milchwagen. Seine Hundemarke wurde 1999 für 63 000 Dollar versteigert, ein Set aus sechs Polaroids, das ihn und Marilyn zeigt, für 220 000 Dollar.

PABLO PICASSO

Katzen sind Freiberufler, Hunde sind An-
gestellte, das glauben viele Menschen, die
beide nur oberflächlich kennen. Hunde
werden bisweilen als schafsdumme Gefolgs-
tiere gesehen, als Wedel-Claqueure und
hechelnde Befehlsempfänger, die ihr Leben voll und ganz nach den Wünschen und
Aufforderungen ihrer Menschen gestalten.
Ganz im Gegensatz zu den Katzen, diesen
selbstbestimmten Schnurr-Souveränen. In
Wahrheit gibt es auch Hunde, die höchst
individualistisch selbst über ihr Leben entscheiden. So wie Lump, der Glatthaardackel, der eines Tages beschloss, einfach

auszusteigen. Zuerst bloß aus einem Auto, dann aus seinem bisherigen Leben.

Anfangs gehörte Lump dem amerikanischen Fotografen David Douglas Duncan, der ihn 1956 als drei Monate alten Welpen in Stuttgart gekauft und mit nach Rom genommen hatte. Dort wohnte er bereits mit einem anderen Hund, einem Afghanen namens Kubla. Lump sollte ein Kumpel für Kubla sein, doch ihre Freizeitinteressen waren dafür leider zu verschieden: Lump wollte toben, doch Kubla rollte den im Vergleich zu ihm winzigen Junghund nur mäßig interessiert auf dem Boden herum, als sei er ein etwas aus der Form geratener, obendrein quiekender Tennisball. Kubla meinte das nicht böse, war Duncan sich sicher, er wusste nur nichts mit dem anderen anzufangen, warum sollte er sein Freund sein, nur weil er zufällig auch ein Hund war, und das kann man, wenn man die Rahmenbedingungen auf menschliche Begegnungen übersetzt, verstehen.

Willkommene kublafreie Auszeiten waren für Lump die Ausflüge, die er mit Duncan in dessen Flügeltürer-Mercedes unternahm: Anders als der schwer verstaubare Windhund durfte der Dackel mit, wenn Duncan beruflich verreiste. Der Fotograf hatte seine bisherige hochgefährliche journalistische Arbeit im Zweiten Weltkrieg und Koreakrieg zugunsten menschen- und hundefreundlicher Sujets aufgegeben. Ein Jahr, bevor Lump in sein Leben trat, hatte Duncan über seinen Kriegsfotografenkollegen Robert Capa Pablo Picasso kennengelernt und besuchte ihn nun regelmäßig in La Californie, der Villa in Cannes, in der der Maler mit seiner Freundin Jacqueline Roque lebte, um seinen Alltag zu fotografieren. Im April 1957 fuhr Duncan also von Rom aus zu diesem Ort, den er selbst als magnetischen Anziehungspunkt für »ganze Galaxien von Museumskuratoren, megareichen Sammlern, Galeriebesitzern, Dichtern, Verlegern, russischen Malern und Zigeuner-Gitarrenspielern, Stierkämpfern, alten Freunden und hoffnungsfrohen Fremden« beschrieb, die alle hofften, die Tore würden für sie weit aufschwingen.

Falls die Tore für sie verschlossen blieben, hatten die Besucher vielleicht einfach zu lange Beine oder zu kurze Rümpfe. Lump nämlich kam bei Picasso sofort bestens an, beschnüffelte alle und alles, verkostete die Köttel der zahmen Ziege Esmeralda, die man an unerwarteten Orten fand, auch im Atelier des Künstlers. Esmeralda war zwar tagsüber meist im Garten an ihrem bronzenen Ebenbild festgebunden, Picassos dort abgestellter obszön-eutriger Ziegenskulptur, zur

Nacht durfte sie aber ins Haus, wo sie in einem Heubettchen im ersten Stock der Villa schlummerte, im Gang gleich vor Picassos Schlafzimmer, weil sie sich im Dunkeln fürchtete.

Lump gefiel das olfaktorische Picasso-Profil aus Zigarettenrauch, Stinkeziege, Ölfarben und südfranzösischer Zitronigkeit. Picasso spielte mit ihm, verfütterte die Reste seines Frühstücks an den Dackel, nahm ihn auf den Schoß und kraulte ihn, während er sich von Duncan fotografieren ließ. Auf den Bildern sehen die beiden nicht wie flüchtige Frischbekannte aus, mehr wie alte, eingespielte Freunde, die längst ihre stillschweigenden Routinen haben, zum Beispiel, wer vom Leberwurstbrot die Kruste und wer die Krume bekommt. Ein Foto hat Jacquelines Staunen über dieses Blitzbonding eingefroren, mit offenem Verdutzungsmund starrt sie die beiden an, während Lump seine Hinterbeinchen in Picassos ringelbehoste Oberschenkel stemmt, um einen schnellen Zungenschnalzer auf das Malerohr zu applizieren. Picasso hält dabei den Hundekopf, als sei er der eines körperlich nicht ganz normkonformen Babys, mit stützungsbedürftigen Fontanellen.

Als Duncan wieder fahren wollte, hielt Picasso Lump immer noch auf dem Schoß. »Du lässt ihn natürlich hier?«, sagte er. Es klang wie eine Frage, war aber nicht so gemeint.

Man kann nur darüber spekulieren, ob der Fotograf seinen Hund so bereitwillig abgab, weil ihn die Instant-Innigkeit zwischen Lump und Picasso so rührte und er sofort begriff: Was der Hund verbindet, darf der Mensch nicht trennen (schon mal darüber nachgedacht, dass DOG rückwärts gelesen GOD heißt?). Ob er keine Lust mehr darauf hatte, den Kleindackel ständig aus Kublas Pfoten klauben zu müssen. Oder ob er es einfach nicht wagte, dem Großmeister zu widersprechen, der schon so lange daran gewöhnt war, alles zu bekommen, was er haben wollte. Was auch immer sein echter Beweggrund war, drehte Duncan seine Entdackelung in der offiziellen Version jedenfalls so hin, als habe er einfach Lump entscheiden lassen und den Willen seines Hundes respektiert: »Er hat mich für Picasso sitzen lassen«, sagt er in einem Interview.

Lump fügte sich mühelos in den Malerhaushalt ein, zu dessen tierischer Fraktion neben Ziege Esmeralda auch der leicht simpelgemütige Boxer Yan, ein inkontinenter Dalmatiner namens Perro und ein ganzer Schlag Tauben gehörte, die unbehelligt in Picassos Atelier herumflatterten. Gern hätte der Maler auch einen Tiger besessen, was logistisch jedoch nicht zu bewerkstelligen war und nur halb so exzentrisch klingt, wenn man bedenkt, dass Salvador Dalí zeitweilig einen Ozelot namens Baby hielt und gelegentlich einen Ameisenbären an einer Leine durch Paris führte. Solche Marotten erhöhten natürlich bei den Kollegen den Originalitätsdruck bei der Haustierwahl.

Ein Kunstprofessor sagte mal über Picasso, er habe fünf Passionen: »Seine Kunst, sein Ego, sein Image, seine Frauen und seine Hunde, in dieser Reihenfolge.« Das klingt leicht gallig, aber zumindest die hintere Platzierung erscheint berechtigt, wenn man sich Picassos Hundehistorie anschaut. Man könnte sagen, er war ein paradoxer Polykynogamist: Er liebte viele Hunde, solange sie sich wie Katzen benahmen. Von Frika, Feo und Gat, den Promenadenmischungen, die mit ihm im Bateau-Lavoir, seinem Atelier in einer schranzigen ehemaligen Klavierfabrik am Fuße des Montmartre, lebten (wo er angeblich auch eine zahme weiße Maus in der Schreibtischschublade beherbergte), erwartete er tatsächlich, dass sie sich ihr Essen selbst irgendwo besorgten. Ein Kümmerer war er nie, seine Hunde kamen und gingen, manchmal war es schwer zu sagen, ob sie wirklich zu ihm gehörten oder ob er sie nur malte. Manchmal ließ er sich den aktuellen Hund nachschicken, wenn er mal wie-

der eine Frau verließ und überstürzt zur nächsten auf-
brach, manchmal nicht. Als er von Fernande Olivier
zu Eva Gouel wechselte, bat er seinen Malerfreund
Georges Braque, ihm seine Tiere hinterherzusenden:
Hund Frika, drei Siamkatzen und ein Äffchen namens Monina, und wie man diese Reisegesellschaft
heile zu Picassos neuer Liebschaft transferiert, ohne
dass unterwegs irgendwer irgendwen auffrisst, klingt
wie eines dieser extrem vertrackten Logikrätsel. Die
Spuren von Bob, dem Bernhardiner, und Lotti, dem
Pyrenäenhund, verlieren sich dagegen wie verblichene
Farbpfotentapser auf dem Atelierboden. Von Airdale-
terrier Delft ist immerhin bekannt, dass er einmal für
einen größeren Aufruhr sorgte, weil er wühlend in
Gertrude Steins Blumenrabatten wütete.

Viele von Picassos Lebensabschnittshunden gehörten eigentlich Freunden, und er hatte sie einfach mitgenommen, manche waren ihm zugelaufen, andere
wurden ihm geschickt – tatsächlich sandten ihm Be-
wunderer die irrsten Geschenke, auch Schlangen und
exotische Frösche, und Schauspieler Yul Brunner ließ
ihm als Zeichen seiner Bewunderung drei schwarze
Kaninchen überreichen. Picasso seinerseits verschenkte gelegentlich auch Hunde an seine Freunde,
um sicherzustellen, dass er immer in Gesellschaft

eines Hundes sein würde, wenn er sie besuchte. Dabei war er, wenn es um Tiere ging, frei von sentimentaler Weichlichkeit: Als man Esmeralda eines Morgens tot im Garten fand, überlegte man bang, wie man Picasso diese traurige Nachricht am schonendsten überbringen könnte. Er gab sich davon allerdings unberührt und befand, es sei gut, dass die Ziege tot sei, denn sie sei ohnehin nicht besonders schlau gewesen. Blieb ein Hund doch einmal so lange bei ihm, dass er alt und schwach wurde, ließ er ihn von einem Freund erschießen, wie es Frika und Gat geschah. Allerdings nahm er sich anschließend bewusst einen völlig anders aussehenden Hund, um nicht an die Gegangenen erinnert zu werden – um jedem Hund seine Individualität zu lassen, wie Picasso einmal sagte, und um nicht mit den »Geistern anderer Hunde« leben zu müssen.

Wirklich fest hielt Picasso seine Hunde nur auf seinen Bildern. Für sein Porträt von Clipper, dem Terriermix, übermalte er 1895 mit 13 Jahren ein Heiligenbild des Antonius von Padua. Perro, den undichten Dalmatiner, stellte er Jahrzehnte später für »Das Buffet von Vauvenargues« vor eine grüne Küchenanrichte. Besonders gern malte er Kazbek, einen Afghanen, an dem ihn besonders faszinierte, welch ausgefallene Posen und Beinsalat-Arrangements der Windhund einnehmen könne. Er erinnere ihn dann an alles Mögliche, nicht mehr an einen Hund, eher zum Beispiel an einen Hecht, sagte Picasso einmal, und diese Qualität machte Kazbek natürlich zum perfekten surrealistischen Model. Auch Boxer Yan wurde verewigt, in »Frau mit Hund spielend«, das Picasso malte, als Françoise Gilot ihm 1953 eröffnete, sie wolle ihn verlassen. Das Spiel mit dem Hund zeigte Picasso als brutalen Ringkampf, die übermächtige Frau drückt den massigen, aber hilflosen Boxerklops auf den Boden, packt ihn grob an den Knöcheln, ihm bleibt nichts übrig, als ihr den schutzlosen Schniepelbereich entgegenzurecken, und es ist natürlich gänzlich nebulös, welche metaphorische Rolle der Hund in Picassos Version einer passiv-aggressiven Post-it-Notiz an die abreisewillige Ex-Geliebte hier einnimmt.

Verantwortung war Picasso ein Graus, in seinen menschlichen Beziehungen wie in seinen tierischen. Darum wollte er nie selbst ein Hundehalter sein, lieber klebte er sich regelmäßig bei seinen Freunden an schon bestehende, auch in den lästigen Pflichten eingespielte Mensch-Hund-Teams, lieh sich das Tier ein Weilchen aus, malte es und brachte es wieder zurück. Lump änderte das, man sieht es schon an Jacquelines Staunegesicht auf Duncans Foto. Und daran, dass Picasso den Dackel malte, als er ihn gerade ein paar Stunden kannte. Ob Lump denn einen eigenen Napf nur für ihn persönlich besitze, wollte er von Duncan wissen. Der verneinte und sagte, seine beiden Hunde teilten sich ihr Futtergeschirr. Worauf Picasso zu Pinsel und Farbe griff und Lumps Silhouette auf seinen eigenen Teller malte, auf dem gleich das Mittagessen serviert werden sollte. Die Beine des Kunst-Lumps sahen aus, als hätte Picasso ihm zwei Sätze Popeye-Oberarme angeschraubt, er datierte, signierte und widmete ihn. »Pour Lump«, steht auf dem Teller, aber natürlich war der Teller die Transfersumme für den Dackel, der das Team wechselte. 2011 schenkte Duncan den Teller dem Harry Ransom Center der University of Texas; ähnliche von Picasso veredelte Teller erzielten bei Auktionen Preise zwischen 20 000 und 90 000 Dollar.

Was wohl der Papphase heute wert wäre, den Picasso seinem neuen Freund als Einstandsgeschenk bastelte? Duncan hat auch diese Szenen fotografiert: Der Maler, der nur ein paar Babouches und ein paar wirklich kurze, dafür aber windelartig plustrige Shorts trägt, schneidet aus dem Boden eines alten Tortenkartons einen Hasen aus und schraffiert ihm mit schneller Hand noch ein angedeutetes Strubbelfell. Lump schnappte sich sogleich das mit reichlich

Zuckerguss imprägnierte Papptier, stummelhoppelte schnell eine Ehrenrunde und fraß das Picasso-Original mit großem Behagen auf.

Picasso mochte solche Spontan-DIYs. Seiner Geliebten und Muse Dora Maar, die mit ihrer Fotografie eines Gürteltier-Embryos, das auch ein verbeultes Alien sein könnte, dem Surrealismus sein Maskottchen schenkte, bastelte er aus einer Serviette mal ein maximal minimalistisches Ersatzhündchen, als ihr echter Malteser weggelaufen und sie darüber sehr traurig war. Picasso brannte mit einer Zigarette drei Löcher in den billigen Papierfetzen: Augen und Nase. Das Ergebnis balancierte wackelig zwischen Kunst und Unverschämtheit, ein Zwischending aus Hannibal-Lecter-Ledergesicht und koreanischer Sheet-Schönheitsmaske – aber es traf in seiner angekokelten Reduziertheit tatsächlich den Kernausdruck eines knopfnasigen Flusenhündchens. Das Serviettenmanöver wiederholte Picasso jeden Tag beim Frühstück, und als Dora nach ein paar Tagen immer noch um ihr Hündchen weinte, schenkte Picasso, der ewigen Bastelei müde, ihr eine Katze, obwohl sie Katzen nicht mochte; wahrscheinlich muss man nicht mehr darüber wissen, wie wichtig ihm die Wünsche und Bedürfnisse seiner Frauen waren.

Lump hingegen bescherte Picasso ein herrliches Dackelleben. Er reichte ihm seine Futterhappen mit der Hand, ließ ihn bei Tisch von seinem Teller essen. Der kleine Hund begleitete ihn im Gegenzug auf Schritt und Tritt, schlief stundenlang in seinem Ateliersessel, während Picasso arbeitete, und ließ gelegentliche Terpentin-Abreibungen über sich ergehen, wenn er bei einer Balgerei mit Boxer Yan mal wieder in ein nur halb trockenes Bild gerauscht war, das sein Maler zum Trocknen auf die Terrasse gestellt hatte. Lump schlief in Picassos Bett, und Lump pinkelte an Picassos Bronzestatuen im Garten. Sein Stammurinal war ein Werk von aggressiv phallischer Schwellkörperlichkeit, Picasso kümmerte das nicht weiter: Er fand, die Urinverätzungen gäben der Skulptur eine schöne Patina.

Die Bilder dieses Dackellebens hat David Douglas Duncan in seinem Bildband »The Dog who ate a Picasso« festgehalten. Fotos von Lump, wie er mit Yan rangelt, während am Tisch nebenan die Filmstars Yves Montand und Simone Signoret über die Lage des Kommunismus diskutierten. Fotos von Lump, wie er einen Stein vor Picassos Füße fallen lässt, während der gerade eine mittelalterliche Darstellung des heiligen Michael begutachtet – seine Art, ihn zu einem Apportierspiel aufzufordern. Fotos von Picasso, wie er den Kopf von Lolita festhält, der Dackelin von Victor Hugos Enkel François, damit Lump die Hündin komfortabel besteigen kann. Die Verbindung blieb trotz dieser Assistenz kinderlos.

Wenn Picasso Lump anschaute, schreibt Duncan, strahlte eine warme Milde in seinen Augen auf, nur für einen kleinen Moment, mit der Kamera kaum festzuhalten. Denn Picasso habe viele Hunde gehabt, aber nur Lump habe er in die Arme genommen. Und der schmiegte sich an, obwohl er es nicht besonders mochte, wenn man ihn hochhob. Vielleicht, weil er wusste, dass Picasso ihn nicht unbedingt festhalten würde.

Mit Lump war es fast, als wären die beiden wesensverwandt, sagt Duncan: »Ich glaube, Picasso hat ihn so geliebt, weil sie beide *loner* sind.« Loyalitätsflexible Typen, die ihr Herz unklaubar im Bauchgurt tragen, die sich mit einer einzigen, fließenden Bewegung an einen ranschmusen und gleichzeitig unauffällig nach dem Autoschlüssel tasten – oder nach dem Quietschknochen, egal. Oder, wie Duncan es formuliert: »Beide waren zu großer Wärme fähig, aber letztlich lebten sie tief im Innern doch in ihrer eigenen Welt.« Ein selbstverknallter Künstler, ein Dandydackel, paradox vereint im Eigensinn. Und beide so effektiv trotzimprägniert, dass jede Schmeichelei, alles kalkulierte

Charmieren an ihnen abperlte. Er wisse nicht genau, was Lump eigentlich für ein Wesen sei, sagte Picasso, auf jeden Fall weder Hund noch Mensch, sondern »wirklich jemand anderes«.

Duncans Dackelalbum rührt, wenn man es durchblättert, der faltenfurchige Maler, der glatte, glänzende Hund, es wirkt alles fast schon zu schön. Und tatsächlich war auch diese Beziehung nach sechs Jahren zu Ende, und Picasso behandelte Lump kein Stückchen fürsorglicher als seine abgelegten Geliebten oder mit Besuchsverbot belegten Kinder. David Douglas Duncan erfuhr von der Trennung erst, als er wieder einmal zum Fotografierbesuch vorbeikam und Lump nirgends entdecken konnte. Er fragte, wo der Hund stecke, Picasso antwortete vage, Lump sei krank, er habe ihn deswegen zu einem Tierarzt in Cannes gegeben – und sich danach nicht mehr groß um seinen nun anstrengend gewordenen Freund geschert.

Duncan fuhr sofort zum Tierarzt und hörte die befürchtete Diagnose: Dackellähme. Wegen ihrer überlangen Wirbelsäule hat diese Rasse oft Probleme im Lendenbereich, und ein Bandscheibenschaden kann schnell zur Lähmung führen. Auch Lump konnte seine Hinterbeine nicht mehr bewegen, mühsam schleppte er sich Duncan entgegen und schien kaum mehr Kraft in den kleinen Vorderbeinen zu haben. Der Tierarzt hatte ihn aufgegeben, als unheilbar gelähmt erklärt und ihn nicht mehr weitergefüttert. Duncan packte Lump ein und fuhr durch die Nacht mit ihm nach Stuttgart, wo er einen besonders dackelversierten Tierarzt kannte. Unterwegs fütterte er Lump mit Erdnussbutterkeksen, um ihn wieder zu Kräften zu bringen. Am Morgen packte er Lump in dessen Geburtsstadt auf den Behandlungstisch, der Arzt berührte leicht seine Pfoten und merkte an Lumps reflexhaftem Zucken, dass er keineswegs gelähmt war.

Duncan ließ Lump in guten Händen zurück, nach ein paar Monaten durfte er ihn aus der tierärztlichen Pflege abholen und wieder mit nach Rom nehmen. Sein Gang, sagt Duncan, habe von da an ein bisschen an einen betrunkenen Seemann erinnert, aber Lump hatte noch zehn gute Jahre in seinem neuen, alten Zuhause. Die schnell entflammte Liebe war vergangen, aber die alte Freundschaft fing Lump auf. Wenn er beim Spaziergang erschöpft war, trug Duncan ihn in einer Pan-Am-Tasche nach Hause. Nur zu den Besuchen in Cannes kam Lump nicht mehr mit.

Mich rührt die Vorstellung des Taumeldackels in der Flugzeugtasche sehr, denn es gab eine Zeit, in der ich nur mit einer zusammengefalteten, blauen IKEA-

Tasche aus dem Haus ging, für den Fall, dass meinem lungenkranken Foxterrier Figo unterwegs die Puste ausging und ich ihn heimtragen müsste. Ich habe keines der Abrechnungsbücher gelesen, die Pablo Picasso einen, milde gesagt, sausackmäßigen Umgang mit Menschen bescheinigen, aber mir reicht die Geschichte von Lump, um mir mein eigenes Picasso-Bild zu pinseln. Man lässt seinen kranken Hund nicht im Stich, auch wenn man noch so schön malen kann.

Stanley Coren, ein Psychologieprofessor, der über die Intelligenz von Hunden forscht, erzählte einmal im Fachmagazin Modern Dog von einer kurzen Begegnung mit Picasso, wenige Jahre nach seiner Trennung von Lump. Er traf ihn bei einem Empfang, während eine Skulptur enthüllt wurde, die Picasso für die New York University geschaffen hatte. Picasso sei da schon über 80 Jahre alt gewesen, überraschend drahtig, und zusammen mit ein paar Kunsthistorikerfreunden drängelte sich Coren an ihn ran, um ihm eine wichtige Frage zu stellen, vorgetragen in perfektem Spanisch, um den kapriziösen Künstler vorsichtig einzuschäumen: »Entschuldigung, ich weiß, diese Veranstaltung hier dreht sich komplett um Ihre Kunst – aber könnte ich trotzdem eine kurze Frage zu Ihren Hunden stellen?«

Der Muttersprachenköder zog, Picasso lächelte beinahe und nickte. »Ich habe so viele Fotos von Ihnen gesehen, auf denen Sie mit immer wieder anderen Hunden zu sehen waren. Gibt es eine Rasse, oder einen Hund, die oder den Sie am liebsten haben?« »Natürlich war da Lump, mein Dackel«, sagte Picasso, »ich habe ihn gern in Gemälde eingebaut, um sie etwas leichter und amüsanter zu machen. Wahrscheinlich bin ich etwas wankelmütig, was meine Gefühle angeht, denn sobald ein Hund mich verlässt, besetze ich seinen Platz schnellstmöglich mit einem anderen.« Jetzt gerade habe er einen Afghanen namens Kabul, ein sehr elegantes Tier. »Oft muss ich an ihn denken, wenn ich arbeite, und dann verändert sich, was ich tue. Die Nase in dem Gesicht, das ich male, wird länger und schärfer geschnitten. Die Haare der Frau, die ich male, werden länger und fluffiger, und ihre Frisur legt sich auf ihre Wangen, wie sich Kabuls Ohren an seinen Kopf anschmiegen. Ja, ich habe einen Lieblingshund«, schloss Picasso schließlich seine Antwort: »Es ist mein Afghane Kabul, jedenfalls bis auf Weiteres.«

Armer Lump. Er war für Picasso kein Hund, nur eine Muse, und er wurde, klassisches Musenschicksal, einfach ausgetauscht, als der Maler seine Inspiration anderswo fand. Man muss zugeben, dass ein Afghanischer Windhund eine erhabenere Erscheinung ist als ein Glatthaardackel, grausam objektiv betrachtet. Es gibt ein Foto von Picasso und Kabul, auf dem der Mensch eine monströs große, weiße Feinripp-Unterhose trägt, dazu ein grünes Frotteehandtuch. Kabul gelingt mit seiner anstrengungsfreien Kabulhaftigkeit das eigentlich Unmögliche: auch dieses Bild würdevoll und schön aussehen zu lassen.

Picasso mag Lump abserviert haben, durch die Frauenfrisuren in seinen Gemälden wehen Extensions aus seidigem Afghanenhaar, aber dafür ging Lump als vielleicht berühmtester Hund in die Kunstgeschichte ein. In seinen Variationen von Velázquez' »Las Meninas« ersetzte Picasso den dort im Original rechts vorn ruhenden Spanischen Mastiff durch Lump. 44 Studien malte Picasso zwischen dem 17. August und dem 30. Dezember 1957 von dieser Vorlage, und in 15 von ihnen ist Lump zu sehen. Zugegeben, man erkennt ihn nicht auf den ersten Blick, denn er ist schwarz und sieht aus wie eine Mischung aus Katze (die Spitzohren!) und Maus (der lange Nacktschwanz!). Doch die Figur ist entschieden dackelig, und so hängt Lump, der Stuttgarter Langzeit-Leihdackel, nun in 15-facher Ausführung im Picasso-

Museum in Barcelona. Ähnlicher sieht sich Lump in Picassos ebenfalls berühmter Einstrich-Zeichnung, die den schlichten Titel »Dog« trägt: Das Dreieck, das Langnase und Schlappohr bilden, der dünne, schmale, da noch gesunde Rücken, nur ein kleines Stückchen ins Groteske verlängert: Das ist unverkennbar Lump, der sich damit trotz des unschönen Endes seinen Platz neben den anderen großen Malerdackeln der Kunstgeschichte sicherte – irgendwo zwischen Stanley und Boodgie, den vielfach porträtierten Dackeln von David Hockney, und Archie und Amos, die Andy Warhol nach einer kurzen Phase von Katzenverwirrung schließlich in die Hundeherrlichkeit zerrten. Auch in der »Epic Rap Battle«, jener legendären Youtube-Reihe, ist Lump verewigt, wenn Picasso und Bob Ross einander battlerappen: »Why don't you go back home and beat your brush, you chump/ I could make better art with my wiener!«, pöbelt Picasso, lugt Richtung Hosenschlitz – und hievt dann doch nur seinen wurstförmigen Hund ins Bild, um den Vers mit einem saftig gedroppten »Lump!« zu beenden.

1973 verlor David Douglas Duncan zwei Freunde innerhalb von zehn Tagen. Erst starb Lump, dann folgte Picasso.

SIGMUND FREUD

Der einfachste Grund, Hunde zu lieben?
Weil sie keine Menschen sind. So simpel war
das für Sigmund Freud, für den die meisten Dinge sonst doch reichlich kompliziert
waren, unterkellert mit Subtexten und zu-
gemauert mit versteckten Bedeutungs-Ge-
heimkammern – von den fiesen Fixierungs-
Falltüren ganz zu schweigen. Bei Tieren
aber ist alles ganz leicht. »Hunde lieben ihre
Freunde und beißen ihre Feinde«, wird Freud
von seiner Tochter Anna zitiert, »ganz anders
als Menschen, die reiner Liebe unfähig sind
und jederzeit Liebe und Hass in ihre Objekt-
beziehungen mischen müssen.« Möglicher-

JOFI

weise erklärt diese Haltung auch, warum Freud erst mit 69 Jahren zum Hundemenschen wurde: Wahrscheinlich musste er erst so gründlich von der Menschheit im Allgemeinen und seinen Patienten im Speziellen frustriert werden, bis er sein Herz sperrangelweit für eine andere Spezies aufreißen konnte.

Bis dahin hatten ihn Hunde kaum interessiert, selbst in seiner Traumdeutung kommen sie nur als Beispiel dafür vor, welch bizarren Dinge einem das Un- und Unterbewusste während des Schlafens so auftischen kann: Tote, die leichtfüßig ins eigene Grab spazieren, und Hunde, die Gedichte aufsagen, so seine Beispiele. Er möge Tiere nicht sonderlich, ließ er gern verbreiten, und kaufte 1925 dann doch einem Polizeihauptmann einen großen, schwarzen Schäferhund ab: Wolf, genannt Wolfi, sollte Freuds Tochter Anna, damals 30 Jahre alt, auf ihren nächtlichen Spaziergängen durch Wien beschützen, war zunächst also eher als Dienstleister denn als Familienmitglied gedacht. Manche Biografen vermuten, Freud habe Wolf vor allem angeschafft, um seine Frau Martha zu ärgern, die keine Hunde mochte. Im Rückblick scheint es wie ein satirischer Schnörkel, dass die jüdische Familie ausgerechnet einen Schäferhund aufnahm, jene Hunderasse also, die da gerade noch frei von kultureller Konnotation war, aber schon bald von den Nazis als Propagandatier missbraucht wurde, das in seinem Charakter angeblich typisch deutsche Tugenden wie Mut und Treue vereine. Im Zweiten Weltkrieg wurden 30 000 Deutsche Schäferhunde zum Kriegsdienst eingezogen und auch in Konzentrationslagern eingesetzt. Und nicht nur Freud besaß ein Exemplar namens Wolf – Adolf Hitler gab einem Welpen seiner Schäferhündin Blondi denselben Namen, er war vermutlich der zweite Schäferhund, dessen verkohlte Überreste Soldaten der Roten Armee am 30. April 1945 in einem Bombenkrater zusammen mit den verbrannten Leichen von Hitler, Eva Braun und Blondi fanden.

Schon bald schloss Freud Wolf derart in sein Herz, dass Anna, ebenfalls Psychoanalytikerin, bei einem Freund darüber witzelte, bei ihrem Vater läge hier wohl ein ganz klarer Fall von Übertragung vor, einem von ihm so benannten psychologischen Vorgang, bei dem ein Mensch alte, gern auch verdrängte Gefühle unbewusst auf eine neue Beziehung projiziere: All die unterdrückte, bevorratete Liebe aus ihrer manchmal nicht ganz einfachen Vater-Tochter-Beziehung schenke er nun also dem Schäferhund. Aber auch Anna selbst war nicht schlecht im Stellvertreter-Spielchen um nur verschwiemelt aussprechbare Zuneigung: Ein Jahr später schrieb sie ihrem Vater zu dessen 70. Geburtstag ein Gedicht in Wolfs Namen, das sie ihm zusammen mit einem gerahmten Foto des Hundes schenkte. Ich kenne selbst Familien, die sich erst dann wirklich trauten, ihre warmen Gefühle füreinander zu zeigen, als ein Hund bei ihnen einzog, und finde es rührend, dass auch die psychologisch hochreflektierte Familie Freud diese Flauschkrücke brauchte.

Wolfs Gedicht ging so:

>»Ein wegen der Ankunft vieler anderer
>   Verwandter
>Vom Hause Verbannter
>macht, entgegen seiner sonst lauteren Artung
>Heut stumm seine Aufwartung.
>Seine Liebe für alles, was freundlich und
>   freßbar
>ist auch mit verschluckten Thermometern
>   nicht meßbar;
>drum bewahr ihm von allem, was nahrhaft
>   am Feste,
>einen Anteil der Reste.
>Er empfiehlt sich, trotz aller guten Bissen
>   Vergänglichkeit,
>in hündisch unwandelbarer Anhänglichkeit.«

Anna schuf mit dieser noch etwas rumpeligen Pseudo-hund-Poesie ein neues, familieninternes Lyrikgenre, das sie auch in den kommenden Jahren zu jedem Geburtstag ihres Vater pflegte – und einen wahrscheinlich unbewussten Bezug zu Freuds Traumdeutungs-Beispiel mit den Gedichte rezitierenden Hunden. Sie knittelverste stets im Namen eines der Familienhunde, dem vorgeblichen Verfasser band sie das Werk mit einer Schleife um den Hals. Hatte er es auf diesem Weg bei Freud abgegeben, bedankte sich dieser überschwänglich und überreichte ihm das erste Stück vom Geburtstagskuchen. Ein herrlich albernes Ritual, das ich selbst gesehen habe, als ich einmal vor vielen Jahren bei einer Wienreise das dortige Freud-Museum besuchte, eingerichtet in seiner ehemaligen Praxis. Da ich dabei von einem neurosigen Mann begleitet wurde, mit dem ich eine schwerst verschrullte Beziehung führte, die zu der Zeit gerade durch ihre Endphase ging, habe ich fast alle Details dieser Reise sorgfältig verdrängt. Die schwummrigen Filmschnipsel von Freuds Geburtstagszeremonie sind das Einzige, woran ich mich noch erinnern kann.

Freud hasste Geburtstage, seit sie hochziffrig waren, weil sie ihn jedes Mal grob auf sein Alter und seine inzwischen auch physisch greifbare Vergänglichkeit stießen. 1922 war er an Gaumenkrebs erkrankt, bis zu seinem Tod unterzog er sich 34 Operationen. Ganz zart griff seine Tochter seine Stimmungen und Schwankungen in ihren Hundegedichten auf. 1927 thematisierte »Wolf« Freuds Feierunlust:

»Bei den Wölfen und Hunden
sind die Tage und Stunden
gleich gut oder schlecht.
Zum Jagen und Laufen,
zum Wedeln und Raufen
ist jede Zeit recht.
Doch wer inmitten menschlicher Unsitten
zu lange gelebt,
das Gratulieren zu imitieren voll Ehrgeiz
strebt.
Drum erscheint als Bekränzter
heut vor dir ein Geschwänzter.«

Ein Jahr später drehte sich das Hundegedicht vor allem um das Essen, mit dem Freud zunehmend Probleme hatte. Seit 1923 trug er eine Kieferprothese, die ihm beim Kauen immer schlimmere Schmerzen bereitete. Wolf dient im Gedicht seine Artgenossen als hilfsbereite Restefresser an:

»Sie erklären für alle Zeit
sich dienstbereit.
Sie widmen ihres Magens Begehrlichkeit
Deiner Mahlzeit Verzehrlichkeit.
Sie essen mit Fleiß
Deinen Teller Reis.
Sie vertilgen ohne Schonen
Deine Fleischportionen,
sind willig allerorten
mit Dir zu teilen die Torten
und helfen Dir aus Nöten
bei den Butterbröten.
So dient ihrer Kiefer Beständigkeit
Deines Kauens Behendigkeit
und es lindert ihrer Zähne Gefährlichkeit
Deiner Mahlzeit Beschwerlichkeit.
Sie bieten sich Dir zur Benützung
als Prothese und Unterstützung.«

Das ist der Gedanke, ganz deutlich ausgesprochen: Der
Hund als Prothese, als multifunktionale obendrein. Die
man, je nach ersetztem Körperteil, ja auch zu Diszi-
plinarzwecken als Knüppel schwingen kann. 1927 biss
Wolf Freuds Psychiaterkollegen Ernest Jones, und
Freud schrieb Max Eitingon, einem weiteren Kollegen

und finanziellen Unterstützer der psychoanalytischen Bewegung: »Ich musste ihn dafür bestrafen, aber ich tat es sehr zögerlich, denn er – Jones – hatte es verdient.«

Wofür genau, ist unklar. Viele Jahre später schrieb Jones, Freuds Hundeliebe sei ganz klar eine Sublimierung seiner Zuneigung zu kleinen Kindern, die er also auf die Tiere umleite, um zu verdrängen, dass er selbst keine Kinder mehr zeugen würde. Freud selbst hatte die Parallele zwischen Hunden und kleinen Menschen schon kurz nach seiner Bekanntschaft mit Wolf gezogen, er schreibt 1927 in einem Brief an die Psychiaterin Jeanne Lampl-de Groot über seine Liebe zu Kindern: »Woher es kommt, daß diese kleinen Wesen so reizend sind? Wir haben doch allerlei von ihnen zu erfahren, was nicht zu unseren Idealen stimmt und müssen sie als kleine Tiere ansehen, aber freilich erscheinen uns auch die Tiere reizend und weit anziehender, als die komplizierten, mehrstöckigen erwachsenen Menschen. Ich erlebe das jetzt an unserem Wolf, der mir fast das verlorene Heinerle ersetzt.« Heinerle war der Sohn seiner jung verstorbenen Tochter Sophie, der mit vier Jahren ebenfalls gestorben war.

1928 bekam Sigmund Freud seinen ersten eigenen Hund, da war er bereits 72 Jahre alt: Lun Yug, genannt

Lün, eine Chow-Chow-Hündin, stammte wahrscheinlich (die Quellenlage ist da etwas verworren) aus der Zucht von Prinzessin Marie Bonaparte, einer direkten Nachfahrin von Lucien Bonaparte, Napoleons jüngerem Bruder. Sie war zunächst Freuds Patientin, wurde dann selbst Psychoanalytikerin und eine Freundin der Familie. Und sie liebte Chow-Chows, diese orangefarbenen, urtümlichen Hunde, die aus China stammen und deren Geschichte bis ins elfte Jahrhundert vor Christus zurückreicht. Chow-Chows hängen mit loyalem Herzen an ihren Besitzern, sind aber trotzdem eher unabhängig – ihre Liebe kostet auf jeden Fall mehr als ein Stück Fleischwurstkringel.

Lün brachte einen Brief mit, verfasst natürlich aus ihrer Perspektive, alles andere hätte in Zusammenhang mit den Freuds überrascht. Darin schreibt sie, sie sei zwar ungebeten angereist, hoffe aber dennoch auf ein freundliches Willkommen, und wolle vor allem Wolf Gesellschaft leisten, denn sie habe gehört, dass er sehr einsam sei. Freud mochte Lün sofort, doch leider wurde der jungen Hündin zum Verhängnis, dass Menschen eben sehr viel komplizierter und anstrengender sind als Hunde.

Eineinhalb Jahre nach Lüns Ankunft fährt Familie Freud nach Berchtesgaden in den Sommerurlaub, mit dabei sind auch Annas gute Freundin Eva Rosenfeld, die wegen ihrer Depressionen bei Vater Freud in Behandlung war, und Annas neue, bald auch romantische Freundin Dorothy Burlingham. Schnaubend vor Eifersucht reist Eva irgendwann vorzeitig zurück nach Wien und nimmt dabei, unklar warum, auch Lün mit, die sich in Salzburg losreißt und erst Tage später überfahren in einem Gleisbett gefunden wird.

Ein Jahr später bekommt Freud zwei neue Chow-Chows: Jofi, Lüns Schwester, und Lün II, die ebenfalls auf eine nicht weiter bekannte Weise mit der Ur-Lün verwandt war. Weil die beiden sich jedoch nicht gut vertrugen, gab Freud Lün II wieder ab und behielt Jofi, mit der er enger Freundschaft schloss als mit seinen anderen Hunden. Für Freud verkörperte sie in reinster Form alle Vorzüge, die ein Hund gegenüber einem Menschen hat, schrieb er später in einem Brief an Marie Bonaparte: »Zuneigung ohne Ambivalenz und das einfache Leben ohne die kaum tragbaren Konflikte unserer Zivilisation, die Schönheit einer Existenz, die in sich ruht.« Wenn er Jofi streichele, ertappe er sich oft dabei, wie er eine Melodie summe, »die selbst ich, so unmusikalisch ich auch bin, als Arie aus Don Giovanni erkenne: ›Ein Band aus Freundschaft vereint uns …‹«.

Es ist seltsam, wie ähnlich Freud und ich uns sind, dachte ich mir, als ich diese Zeilen las. Denn auch ich summe oft eine Melodie vor mich hin, wenn ich meinen Hund Juri streichele, ein Name, der ja zumindest in der Vokalverteilung und -qualität unbestritten große Ähnlichkeit mit »Jofi« hat. Meine Melodie stammt zwar nicht aus »Don Giovanni«, sondern aus dem Lied »Nobody Else« von Take That, einem Lied über die eine, unvergleichliche Liebe – aber das kommt hier ausnahmsweise mal aufs selbe raus. Falls ich nach meiner historischen Zeitreise zu Schopenhauers Affenumarmung noch einen Bonus-Wunsch äußern dürfte, bei welcher Begebenheit ich gern dabei gewesen wäre, dann bitte einmal ins Jahr 1932 teleportieren, als Thomas Mann Sigmund Freud in Wien besuchte – und sich die beiden Geistesgiganten, wie Haushälterin Paula Fichtl erzählte, ausschließlich über Hunde und Zigarren unterhielten. Auch Mann war ja ein großer Hundefreund und notierte über seinen lockigen Freund Nico einmal bürokratisch-nonchalant in sein Tagebuch: »Zerwürfnis mit dem Pudel wegen seiner Unfolgsamkeit nach Auffindung abstoßender Dinge. Beschluß, mich nicht mehr darum zu kümmern.« Außer Nico besaß Mann mindestens noch einen schottischen Schäferhund namens

Perceval, Airdale-Terrier Toby, Schäferhund Billy, Schäferhündin Micky und Bauschan, den Mischling. Der sei, im Gegensatz zu seinen Vorgängern aus vornehmer Zucht, die »harmlos geisteskranke Aristokraten« gewesen seien, »so derb wie das Volk« – in »Herr und Hund« erzählt er von den Spaziergängen mit ihm.

Jofi darf bei Freud alles. Sie frisst von seinem Teller, was er selbst nicht mehr essen kann, und vernichtet so die Beweise dafür, dass sein Körper immer schwächer wird. Freud schätzt ihren typischen Chow-Sturkopf und schreibt in einem Brief, sie sei »ein entzückendes Geschöpf, so interessant, auch als Frauenzimmer, wild, triebhaft, zärtlich, intelligent und doch nicht so abhängig, wie andere Hunde sein können. Man wird den Respekt vor solchen Tierseelen nicht los.« 1930 spielt Jofi zum ersten Mal den Geburtstagsdichterhund, allerdings in Abwesenheit: Weil Freud seinen Sohn Ernst in Berlin besucht und Jofi in Wien bleibt, wird das Gedicht ausnahmsweise von einer zahmen Landschildkröte überbracht – »ein dürftiger Ersatz«, fand Freud.

Jofis Gedicht:

> »Jo Fie, die Hüpfende,
> durch Tore Entschlüpfende,
> die der Leine Entgleitende,

mit Feinden sich Streitende,
die zum Gruße sich Streckende,
die Hände Beleckende,
schickt anbei
zum 6. Mai
ein Symbol,
das anzeigen soll,
wie sie will sich verwandeln
und bedächtiger handeln:
will bei offenen Türen
nur wenig sich rühren
will nicht bellen, nicht raufen,
will nicht springen, nicht laufen,
will kaum fressen und saufen.
So spricht Jo Fie, die Trauernde,
die Trennung Bedauernde.«

»Wessen Stimme hören wir hier eigentlich?«, fragte Michael Molnar, der Forschungsleiter des Londoner Freud-Museums, 1994 in einem Vortrag über »Familie Freud und ihre Hunde« an der Universität Klagenfurt, »den Hund, der von seinem Herrn getrennt ist? Oder: die ehemals böse Tochter, die durch die Stimme des Hundes um die Liebe ihres Vaters wirbt?«

Freuds Hunde wirkten nicht nur im familiären

Umfeld, quasi freiberuflich, therapeutisch, er setzte sie auch gezielt als Therapiehunde ein und leistete damit auf diesem Feld tatsächlich Pionierarbeit. Jofi half ihm auf verschiedenen Ebenen bei seinen Analysesitzungen: Einer buchhalterisch-profanen, indem sie – mehrere voneinander unabhängige Quellen schwören, es sei die Wahrheit – pünktlich nach 50 Minuten aufstand und gähnte und damit das Ende der Therapieeinheit beschloss. Auf einer emotional-empathischen Ebene war Freud überzeugt davon, dass Jofi beruhigend auf seine Patienten einwirkte, was Studien inzwischen natürlich längst belegt haben. Etwa jene, in der man den Blutdruck dreier Patientengruppen kontrollierte: Die erste saß in unmittelbarer Nähe eines Hundes, die zweite dachte intensiv an einen Hund, bei der dritten war kein Hund anwesend, auch nicht in Gedanken. Alle drei Gruppen mussten dann eine anspruchsvolle Denkaufgabe erledigen, wobei die Gruppe ohne jeden Hundekontakt deutlich den höchsten Blutdruck hatte.

Auch ich blieb einmal bei einem Psychiater in Behandlung, obwohl die Anfahrt zu seiner Praxis höchst umständlich war und ich mich ihm bei unseren Sitzungen (im Sitzen) immer weit und fast bis an die Grenze des Komödiantischen über seinen Schreibtisch entgegenlehnen musste, weil er nuschelte und ich ihn kaum verstand. Aber er hatte mich in unserer zweiten Sitzung von sich aus aufgefordert, in Zukunft doch meinen Hund mitzubringen, denn er würde doch zu mir gehören, und die Gespräche wären für mich dann sicher angenehmer, was absolut stimmte. Ich blieb bei ihm, bis Juri während eines Termins versuchte, aus dem Fenster zu springen. Es war zum Glück nur Hochparterre, und ich konnte ihn noch rechtzeitig am Schlafittchen packen, aber ich verstand sein subtiles Zeichen und wechselte.

Bei den Sitzungen hatte mein Psychiater Juri auf seinem Teppich liegen lassen und ihn dann nicht weiter beachtet. Freud hingegen glaubte fest, an Jofis Positionierung im Raum weitere Details über seine Patienten ablesen zu können. War der Patient gelassen, lag sie deutlich näher bei ihm, als wenn er aufgeregt und nervös war. Außerdem habe Jofi angeblich mittels einer Art Blitztest herausfinden können, welcher Hilfesuchende sich tatsächlich für eine Psychoanalyse eigne, behauptete jedenfalls Freud: Drehte sie sich weg oder beäugte den Menschen beim ersten Kontakt nur misstrauisch, waren der- oder diejenige ungeeignet und wurden wieder hinauskomplimentiert.

Für Jofis therapeutische Hilfestellung waren allerdings nicht alle Menschen empfänglich. Freuds berühmte Patientin Hilda Doolittle war mitunter geradezu eingeschnappt, weil sie das Gefühl hatte, ihr Therapeut schenke seinem Hund während der Sitzungen mehr Aufmerksamkeit als ihr. Und für den Neurologen Roy R. Grinker, der zeitweilig bei Freud hospitierte, war jeder Tag in seiner Praxis wegen seiner Hundephobie mit äußerster Anspannung verbunden. Er sei kaum zur Türe herein gewesen, schreibt er in seiner Autobiografie, da habe ihm Wolf schon heftige Schnauzenstüber verpasst, und zwar – der Schäferhund war größenmäßig ein prächtiger Vertreter seiner Rasse – auf Höhe von Grinkers Genitalien: »Also spürte ich jedes Mal ein hohes Level an Kastrationsangst.« Einmal habe er sich selbst einer psychoanalytischen Sitzung bei Freud unterzogen und Jofi sei unvermittelt auf ihn draufgesprungen, als er gerade mit besonderer Verve von einem Erlebnis aus seiner Kindheit erzählt habe. Freud habe das nicht weiter gestört, er habe nur gesagt: »Sehen Sie, Jofi freut sich so, dass Sie endlich an den Kern Ihrer Ängste vorgedrungen sind!«

Im Januar 1937 musste Jofi operiert werden, zwei Zysten an den Eierstöcken wurden entfernt. Zuerst sah es so aus, als sei der Eingriff gut verlaufen, doch wenige Tage später starb Jofi doch, vermutlich an Herzversagen. Freud nahm der Verlust sehr mit, er fand die Vorstellung extrem unwirklich, dass er seinen Hund nicht mehr wiedersehen sollte, und glaubte nicht recht daran, dass er sich jemals an diese Lücke gewöhnen würde. »Über sieben Jahre Intimität kommt man nicht leicht hinweg«, schrieb er an den Schriftsteller Arnold Zweig; in sein Tagebuch, das er »Kürzeste Chronik« nannte, trug er am 14. Januar ein: »† Jofi an Herzschwäche« – unerkennbar, ob hier ein Mensch oder ein Tier gegangen war.

Schon am nächsten Tag notierte er zwei erfreuliche Ereignisse in schönster Gleichwertigkeit: »Thomas Mann – Lün angenommen«. Obwohl ihn der Gedanke abstieß, Jofi einfach zu ersetzen, beschloss er, Lün II zurückzuholen. Seine neuen Besitzer waren ohnehin zwei Jahre zuvor nach Boston emigriert, und er lebte seitdem bei Dorothy Burlingham. Ein Jahr später musste Freud, nun ein wirklich alter Mann, mit seiner Familie vor den Nazis fliehen, Marie Bonaparte hatte dank ihrer guten diplomatischen Beziehungen die nötigen Papiere beschafft. Lün kam natürlich mit, auch wenn er in Großbritannien, wohin die Freuds übersiedelten, zunächst sechs Monate in Quarantäne gesteckt werden musste. Freud scheute diese Mühe nicht. Ein Jahr vor ihrem eigenen Tod versuchte Anna Freud 1981 noch einmal zu erklären, was ihren Vater so spät im Leben umso unbedingter und absoluter für die Hunde eingenommen hatte – empfänglich gemacht habe ihn für seine neu entdeckte Tierliebe vor allem seine absolute Desillusionierung, was die Menschen anging, ihre »unerbittliche Brutalität und blinde Lust« an der zerstörerischen Wucht des Krieges: »Unter diesen Umständen wurde es einfacher, sich den Menschen ab- und den Tieren zuzuwenden.«

Als Übergangshund schenkte Anna ihrem Vater im Sommer 1938 einen kleinen Pekinesen namens Jumbo, der ihn aufmuntern sollte, bis Lün aus der Quarantäne entlassen würde, aber die beiden fanden nicht wirklich zueinander. Freud wartete auf Lün, in dem Backsteinhaus im Norden Londons, in dem heute der britische Zweig des Freud-Museums untergebracht ist. Hier steht auch seine berühmte Couch, die ich gesehen haben muss, als ich seinen Zufluchtsort ebenfalls – und vor nicht ganz so vielen Jahren wie die Wiener Dependance – besuchte, aber ich kann mich nicht mehr an das mythische Möbel erinnern. Dafür an die Stickarbeit, die in Annas altem Zimmer hängt, und die einen orangefarbenen Chow-Chow zeigt – Annas eigenen Hund, den sie sich später zulegte, wie ich nachlas, und den sie Jofi II nannte. Irgendwo im Haus hängt auch Wolfs erstes Geburtstagsgedicht und das dazugehörige Foto, das Anna dem Vater damals schenkte, er hat beides bei seiner Flucht eingepackt.

Sigmund Freud hat seinen Hund regelmäßig in der Quarantäne besucht, egal, wie anstrengend diese Ausflüge für ihn waren. Er blieb jedes Mal mindestens eine Stunde, spielte mit Lün, kraulte ihn. Am 6. Dezember, auf den Tag genau nach sechs Monaten, holten die Freuds den neuen alten Lün in ihr Londoner Zuhause.

Neben Jofi hatte Freud in der Zwischenzeit noch einen anderen Chow-Chow in sein Herz geschlossen – Topsy gehörte Marie Bonaparte, und mit der Hündin teilte Freud seine Krankheit: Auch Topsy hatte einen Tumor, wie Freud im rechten Mundbereich, beide wurden deswegen operiert und bestrahlt. Marie Bonaparte hatte ein Buch über Topsy und ihre Krankheit geschrieben: »Topsy, der goldhaarige Chow«, und Anna und Sigmund hatten das schmale Bändchen vom Französischen ins Deutsche übersetzt, während sie in Wien auf ihre Auswanderungsdokumente warteten. Ein Kürzestkapitel, sechs Zeilen nur, trägt die Überschrift »Das Urteil«: »Das Urteil über Topsy ist gesprochen; unter ihrer Lippe, die schon von neuem anschwillt, ist ein Lympho-Sarkom, ein Tumor, der wachsen wird, wuchern, sich ausbreiten, aufbrechen und sie ersticken. Sie ist dazu verurteilt, in einigen

Monaten den schrecklichsten aller Tode zu sterben.«
Ob es Freud half, seine eigene Krankheit besser anzunehmen, oder ob es ihn zusätzlich ängstigte, wenn er
Textstellen wie diese übersetzte? Ganz offensichtlich
ist, dass Freud und Bonaparte denselben Blick auf ihre
Hunde hatten: Auch Bonaparte schreibt davon, dass
Topsy keine gemischten Gefühle kennt, dafür aber die
absolute Liebe. »Meine Freunde, Topsy, sollten auf
dich eifersüchtig sein! Denn trotz all ihrer Freundschaft können sie mir nicht geben, was du mir bietest:
Die Ruhe vor der Menschlichkeit.«

Topsy überlebte ihre Krankheit, Freud aber ging
es in England immer schlechter. Inzwischen war er
83 Jahre, der Krebs nun nicht mehr zu operieren. Es
gab viele Zeichen, dass es zu Ende ging, das vielleicht
Schlimmste war, dass sein Hund anfing, ihn zu meiden. Freud war überzeugt, dass es der starke Geruch
des sich zersetzenden Knochens war, der von seinem
angegriffenen Kiefer ausströmte, der Lün vertrieb.

Jahrzehntelang hatte Freud im Gefühlschaos des
Menschen herumgewühlt, in seinen dunklen Trieben
gestochert, an verqueren Verknotungen herumgenestelt,
alle seine Widersprüche und Irrationalitäten sorgfältig
vor sich ausgebreitet, ihn interpretiert, analysiert, inhaliert. Es ist eine besondere Form der Schönheit, dass er

sich am Ende seines Lebens dann so bewusst für die Wesen entschied, bei denen es nichts zu psychohubern gibt, weil sie so offensichtlich und unverstellt sind: Gnadenlos direkt wie Lün II, der zuletzt aus Instinkt seinen todgeweihten Freud-Freund mied, aber eben auch bedingungslos liebend. Als Sigmund Freud seinen Arzt im Alter von 83 Jahren um eine tödliche Morphiumspritze bat, war er wieder in der Welt angekommen, wo er die kleinen Kinder vermutete, die noch keine Phobien und keinen Dünkel kennen. Die Schranken zwischen dem Menschen und den Tieren, schreibt er in seinen »Vorlesungen zur Einführung in die Psychoanalyse«, bestünden nämlich nicht von Anfang an, »sondern werden erst allmählich im Laufe der Entwicklung und der Erziehung aufgebaut. Das kleine Kind ist frei von ihnen. Es kennt noch keine arge Kluft zwischen Mensch und Tier; der Hochmut, mit dem sich der Mensch vom Tier absondert, wächst ihm erst später zu.«

Seine Hunde hätten ihm am Ende seines Lebens geholfen, den »schwer erträglichen Konflikt mit der Kultur« zu überwinden. »Und schließlich, trotz aller Unterschiede in der organischen Entwicklung«, schreibt er an Marie Bonaparte über seine Hundeliebe, »habe ich ein Gefühl intimster Zuneigung und kompromissloser Solidarität.«

QUEEN ELIZABETH II.

Jeden Nachmittag ploppt Queen Elizabeth II. in ein Paralleluniversum. In eine alternative Welt, in der sie nie Königin wurde, in der es keine zugigen Paläste und keine Kutschen gibt, keine froschgrünen Tweedkostüme, keine unerfreulichen Staatsbesucher, kein steifgelenkiges Gewinke, keine Vorschriften, welche Nagellackfarbe sie laut Hofetikette tragen darf – ewig und drei Tage immer nur das blutleere Rosa »Ballet Slipper« von Essie. Jeden Nachmittag lässt Queen Elizabeth II. eine abwaschbare Decke über die alten Palastteppiche legen und frisch gekochtes Fleisch herantragen,

SUSAN

sie portioniert es in Näpfe (nicht aus Silber, wie es manchmal heißt, nur aus Edelstahl) und schüttet eine spezielle Soße darüber, deren Rezept sie selbst entwickelt hat. Dann füttert sie ihre Hunde, sie tut das seit Jahrzehnten so. Das Paralleluniversum heißt Planet Corgi, und seine Bewohner sind hochinteressiert an Häschen, aber kein bisschen an umständlichen Ideen wie der Monarchie. Sie wedeln, ohne zu wissen, dass ihr Lieblingsmensch eine Krone trägt.

Seit 67 Jahren regiert Elizabeth II. als Königin, und sogar noch länger herrscht eine einzige Hunderasse über ihr Herz: Seit sie sieben Jahre alt ist, war die Queen nie ohne Corgi-Kumpel, keine andere Anführerin, kein anderer Anführer in der Geschichte war in der Vorstellung der Menschen jemals so eng mit einem bestimmten Tier verknüpft wie sie. Als Prinz Harry und die seinerzeitige Meghan Markle ihr offizielles Post-Verlobungsinterview gaben und darin auch über ihr erstes Treffen mit seiner Großmutter sprachen, erzählte Harry nicht, wie Meghan bei der Queen ankam, sondern benutzte ein geschicktes *paws pro toto*: »Die Corgis mochten sie gleich«, sagte er, »ich musste mich die letzten 32 Jahre ankläffen lassen – und die hier kommt in den Raum und nichts als Schwanzgewedel!«

Die Queen und ihre Corgis, dazwischen passt

keine Wursthaut. Als das Flugzeug der Queen im August 1981 in Aberdeen landete, um sie zu ihren alljährlichen Sommerferien auf Schloss Balmoral zu bringen, stiegen mit ihr 13 Corgis aus. Prinzessin Diana nannte die Wuselmasse, zu der die Hunde verschmolzen, wenn sie der Queen durch den Palast folgten, »the moving carpet«. Dieser Wanderteppich spielte auch im Eröffnungsfilmchen für die Olympischen Spiele 2012 in London mit, in dem Daniel Craig als James Bond die Queen aus dem Buckingham Palace eskortiert: Er wird zunächst von drei Corgis empfangen, einer von ihnen, der begabte Monty, zeigt eine vollendete Bauchrolle.

Die königlichen Corgis sind so aufgeladen mit Bedeutung, dass sie über ihr ganz körperliches Hundewesen hinaus zu Symbolen geworden sind. Hunde von Herrschern sind in der Metaphernwelt Stellvertreter für die Regierten, die sagen: Schaut her, so wie der König oder die Königin für diese von ihnen abhängigen Tierchen sorgen, so sorgen sie auch für dich! So gesehen ist es sicher kein Zufall, dass Donald Trump der erste US-Präsident seit fast 130 Jahren ist, der sein Weißes Haus nicht mit einem Hund teilt, während Elizabeth II. einen der Rüden aus ihrer Zucht »Loyal Subject«, treuer Untertan, nannte. Und der Symbolismus funktioniert auch in die entgegengesetzte Fließrichtung: Als bürgerlicher Mensch trägt man in der Regel keine Tiaras, man kann keine teuren Pferde durchfüttern, wie sie in den königlichen Ställen stehen, und hat kaum Muße, versonnen mit dem selbst angebauten Rosenkohl zu plaudern, wie etwa Prince Charles. Aber man kann mit einer ansonsten unerreichbaren Herrscherin die Liebe zum Hund teilen, sich ein Exemplar derselben Rasse ins Haus holen, die auch durch ihren Palast und ihre Landresidenzen tobt. Tatsächlich hatte sich die britische Corgi-Population während der Regentschaft von Elizabeth II. zeitweilig verzwanzigfacht. Etwas Ähnliches in etwas kleinerer Dimension passiert gerade dem Cockerspaniel, seit sich William und Kate einen schwarzen Rassevertreter namens Lupo ins Haus holten.

Für die Queen sind ihre Hunde keine strategischen Accessoires, sondern geliebte Freunde, daran glaube ich fest. Weil man sehen kann, welche große Leidenschaft sie für Tiere hegt, vor allem auf diesem schönen GIF, das sie auf einer Art Landwirtschaftsleistungsschau zeigt. Sie sitzt da mit Stoikgesicht auf der Ehrentribüne, bis sie im Präsentationspaddock plötzlich etwas sieht, wofür sie euphorisch ihren Nebensitzer anstößt. Die

Königin reißt die Augen auf und ist plötzlich nur noch ein extrem niedliches Ömchen, das aus dem Häuschen ist. Ihr Mund formt, auch ohne Ton perfekt verständlich, den Grund ihrer Aufregung: »COWS!«

Neben der klassischen Frage, bei welchem Ereignis man gern dabei gewesen wäre, wollen Fragebögen ja auch immer wissen, mit welcher Person – egal ob tot oder lebendig – man gern mal zu Abend essen würde. Ich würde auf das Dinner pfeifen und lieber mit der Queen zu einer schönen Rinderversteigerung gehen. Ich bin sicher, wir würden uns blendend verstehen und über Gesprächsthemen wie Brunstkalender und Pansensack mühelos bonden. Eine meiner schönsten Urlaubserinnerungen ist eine Loire-Reise, bei der ich meinen Mitfahrer zwang, unterwegs allen Kühen zu winken, an denen wir mit dem Auto vorbeifuhren – ein Kompromissvorschlag meinerseits, weil er nicht bereit war, bei jeder Weide für eine Streichelpause anzuhalten. Ich wachte streng darüber, dass er keinen Rindergruß ausließ. Mit mir zu verreisen macht sehr viel Spaß.

Die Corgi-Historie der Queen begann 1933. Sie war ein kleines Mädchen, ihr Vater, der zweitgeborene Sohn von König George dem V. und Königin Mary, war der Duke of York, der mit seiner Familie ein von Herrschaftsaussichten unbehelligtes, behagliches Leben führte. Sie wohnten am Hyde Park in einem schönen Townhouse, Elizabeths liebste Spielgefährten waren ihre Schwester und die Labradore der Familie, bis sie sich irgendwann in den Corgi der Nachbarskinder vernarrte und sehnlich einen eigenen wünschte.

Um die Geschichte von Dookie zu erzählen, muss man zuerst in einen kleinen, versteckten Seitenschlingerpfad einbiegen. Und hoffen, dass niemals ein Produzent romantischer Schmierfilme auf die Idee kommt, diese Geschichte zu verwursten und ihr mit einem schmalzglasierten Knüppel allen unschuldigen Zufallskitsch herauszuprügeln. Der Frau, der Elizabeths Vater schließlich den gewünschten Welpen abkaufte, war der Duke of York nämlich vor vielen Jahren schon einmal begegnet, was er allerdings nicht wusste: Er hatte ihren Hund überfahren, als sie ein Kind war.

Thelma Evans war neun Jahre alt, als das herzögliche Auto ihren Hund überrollte. Der Unglücksfahrer, selbst großer Hundefreund, war darüber so bestürzt, dass er ihren Eltern einen aufrichtigen Zerknirschungsbrief schrieb und anbot, einen Ersatzhund zu besorgen. Weil Thelma vom Unfalltod ihres Hundes aber derart mitgenommen war, beschlossen ihre Eltern, es wäre besser, keinen neuen Hund in ihr

Herz zu lassen, um sie vom irgendwann unausweichlichen neuerlichen Verlust zu beschützen. Aber sie lasen Thelma trotzdem den Duke-Brief vor, und als der erste, stechende Trauerschock vorbei war, schrieb sie dem Herzog heimlich selbst zurück, sie würde sein Angebot gern annehmen und sich sehr über einen neuen Hund freuen. Der Herzog wiederum antwortete pädagogisch wertvoll und bestürzend lahm, das würde er zwar gern tun, es sei aber wohl besser, sie würden sich beide den Wünschen ihrer Eltern fügen.

Thelma verbrachte ihre Restkindheit hundelos. Und schloss einen Pakt mit sich selbst, in dem sie sich schwor, dass ihr die Hunde später einmal nie mehr ausgehen sollten. Ich kann mich damit sehr gut identifizieren, denn als Kind durfte ich ebenfalls keinen Hund haben, obwohl ich mir nichts dringender wünschte. Unbedingt wollte ich schon mit sechs Jahren Hundehalterin werden, und zwar beruflich. Ich erinnere mich an die erste Stunde Religionsunterricht, in der wir, gerade frisch eingeschult, in unser Heft malen sollten, was wir später einmal werden wollten, und ich weiß noch ganz genau, dass ich dafür viel länger brauchte als alle anderen, weil ich mein Blatt fast flächendeckend mit Hunden vollmalte, in allen Formen und Größen, in einer Mischung aus Bremer-Stadtmusikanten-Statik und Tetris aufeinandergestapelt. In die Mitte malte ich mich, mit dem größten Grinsemund der Welt. Ich wollte all diese Hunde um mich herum nicht verkaufen oder heilen, sondern einfach mit ihnen befreundet sein, und zwar wie gesagt, beruflich. Man muss zugeben, es gibt deutlich unplausiblere Professionen.

Zu meiner großen Überraschung lobte mich die Lehrerin nicht für diese Fleißarbeit, und auch nicht für meine angepeilte Erwerbsidee. Meine Klassenkameraden hatten gemalt, wie sie in ihren Berufen Menschen halfen, weil sie Brot für sie backten, sie in Zügen herumfuhren oder aus brennenden Häusern retteten, das war anscheinend das Lernziel dieser Stunde. Ich aber war ganz allein in meiner glücklichen Hundezukunft und sah ihr mit fester – im Rückblick so schmerzlicher – Kindergewissheit entgegen, dass es genau so kommen würde.

Im Gegensatz zu mir machte Thelma Evans Ernst. Sie wurde eine der berühmtesten Hundezüchterinnen Großbritanniens und widmete sich im Laufe ihrer Karriere unter ihrem Zwingernamen »Rozavel« der zuchtstandardkonformen Vermehrung diverser Rassen. Im Zweiten Weltkrieg versuchte sie sich an der Zucht reinweißer Schäferhunde, angeblich, weil die dank dieser Fellfarbe während der stockfinsteren

Blackout-Nächte immer noch gut zu sehen waren. Vielleicht ist das Züchterlatein, vielleicht wahr – und eine trotzig-absurde Fixierung auf etwas Kontrollierbares im Angesicht des Unerträglichen.

Thelmas große Liebe aber galt dem Corgi. Sie entdeckte die damals noch ziemlich unbekannte Rasse in den späten 1920ern bei Überland-Autoausflügen auf den Bauernhöfen in der tiefsten walisischen Provinz. Corgis sind passionierte Zwicker und darum bestens geeignet, Schafe und Rinder mit aufmunternden Hackenbissen von hier nach da zu treiben. Patente Bauernhunde, dreist, aber freundlich, und damals noch unberührt von kleinlicher Stummelruten-Optimierung, Schnauze-Schädel-Proportionsvermessungen und anderem Zucht-Klimbim. Thelma identifizierte schnell zwei verschiedene Corgi-Varianten: den Cardigan Welsh Corgi und den Pembroke Welsh Corgi (die von der Queen und auch von Houellebecq bevorzugte Variante). Der Cardigan ist größer und länger, sein Schwanz ähnelt dem eines Fuchses, während der Pembroke von Geburt an nur einen Stummelbürzel hat, ähnlich wie bei einem Pandabären. Beide Corgi-Versionen wurden nach Thelmas hartnäckiger Promo vom britischen Kennel Club als eigenständige Rassen anerkannt. Ihr eigener Deckrüde Red Dragon war zeit seines erotischen Wirkens so etwas wie der Posterboy des Pembroke-Corgiwesens, weil er äußerlich und wesensmäßig dem makellos gedachten Idealbild sehr nahekam, und wurde somit zu einem der Stammväter der Rasse.

Einen seiner Welpen verkaufte Thelma Evans an den Viscount Weymouth (Viscount ist ein britischer Adelstitel, rangmäßig zwischen Graf und Baron angesiedelt), besagten Nachbarn des Duke of York, bei dem Elizabeth den ersten Corgi ihres Lebens sah. Und so trafen sich die Züchterin und der Herzog 1933 wieder, als er sie mit einem kleinen Welpensortiment zu sich nach Hause bestellte, um einen davon auszusuchen. Das ausgewählte Hündchen nahm Thelma wieder mit, um es stubenrein zu erziehen, und als sie es seinen neuen Besitzern schließlich als Nicht-mehr-Auslaufmodell zurückbrachte, hatte der trockengelegte Welpe bereits seinen Namen erhalten: Weil er beim Fressen besonders wählerisch war, nannten Thelmas Helferinnen ihn in Anspielung auf sein zukünftiges Zuhause »The Duke« – weil er trotz allem aber eben auch sehr niedlich war, wurde bald »Dookie« daraus. Und weil er bald auf keinen anderen Namen mehr hörte, behielt auch der echte Duke den Namen bei. Thelma gab sich übrigens nie als das Mädchen mit dem überfahrenen Hund zu erkennen. Die Geschichte wurde zuerst 1955 im Buch »Royal Dogs« erzählt, als Elizabeths Vater schon verstorben war.

Als Dookie zwei Jahre alt wurde, kam noch eine passende Corgi-Hündin für ihn ins Haus, ebenfalls aus der Zucht von Thelma, die nach ihrer Heirat inzwischen den Nachnamen Gray trug: Elizabeths zweiter Kindheitscorgi hieß Jane, und wie Dookie war sie nicht wirklich *ihr* Hund, sondern gehörte einfach zur Familie. Als Mitglieder eines herzöglichen Haushalts mussten die Hunde ihr Charmierpotenzial, das sie als auch im Streckgalopp immer etwas verwatschelte Fellwalzen reichlich besaßen, gezielt zu repräsentativen bis mild-propagandistischen Zwecken einsetzen. Zum Beispiel im Sommer 1936, als Elizabeths Onkel, König Eduard der VIII., mit seiner Freundin an der kroatischen Westküste herumschipperte. Was landschaftlich sicher reizvoll ist, aber leider auch problematisch, wenn ein britischer König und eine zweifach geschiedene, entschieden unadelige Amerikanerin daran beteiligt sind. Zeitgleich ließ sich daheim der Herzog von York kernseifengeschrubbt als blitzsauberer Family Man fotografieren: der Herzog, die Herzogin, die zehnjährige Elizabeth und die sechsjährige Margaret Rose, dazu Dookie und Jane, alles proper und putzig – hier war niemand auch nur ansatzweise bürgerlich, auch die Hunde waren dank ihrer Verwandtschaft mit Red Dragon, dem prächtigen Berufsbegatter, reinste Corgi-Royalty. Die Fotos wurden für das Buch »Our Princesses and Their Dogs« aufgenommen, das dann in der Vorweihnachtszeit erschien, nur ein paar Tage, bevor Eduard liebesumständehalber abdankte und Elizabeths Vater zu König Georg VI. wurde. Das kommt nun auch in besseren Familien nicht alle Tage vor, aber aufregender war für seine beiden Töchter möglicherweise ein anderes Ereignis: Zu Weihnachten bekam Jane Welpen. Zwei davon blieben in der Familie, saisonal subtil wurden sie auf die Namen Crackers und Carol getauft.

Kurz nach Beginn des Zweiten Weltkriegs starben erst Dookie, dann Carol. Die Hinterbliebenen, Jane und Crackers, wurden für Elizabeth als allzeit bekuschelbare Trostwürste wichtiger denn je, denn zusammen mit ihrer Schwester wurde sie im Mai 1940, als die Nazis in Frankreich einmarschierten, heimlich weg aus London und nach Windsor Castle gebracht – »erst mal bis Ende der Woche«, sagte ihre Mutter, daraus wurden fünf Jahre. Das Königspaar trotzte den deutschen Attacken mit ihrer Bevölkerung in der

Hauptstadt, die Töchter steckten ihre Nasen im kalten Schloss hinter den schweren Verdunklungsvorhängen in das warme Fell ihrer Hunde. Wahrscheinlich lernte Elizabeth in diesen Jahren, dass ihre Corgis wirklich immer für sie da sein würden, wenn da sonst niemand wäre, und zwar wirklich, tatsächlich, körperlich niemand, weil alle gerade damit beschäftigt waren, anderswo nicht zu sterben.

Anfang 1944 verlor Elizabeth auch Jane. Ein Angestellter der Parkanlagen um Windsor Castle überfuhr sie versehentlich, noch am selben Tag schrieb die inzwischen 17-jährige Prinzessin, die rechtmäßig Untröstliche in dieser Angelegenheit, dem Fahrer einen aufmunternden Brief, in dem sie ihm versicherte, sie sei fest überzeugt, der Unfall sei nicht seine Schuld. Die Zurechtstriegelei zur allzeit beherrschten, künftigen Königin, einer äußerlich leidenschaftslosen Lebensform, hatte da längst begonnen. Rapportiertermaßen malte sich Elizabeth als Kind und junges Mädchen aus, später einmal einen Bauern zu heiraten, aber der Traum vom pflichtentleerten Leben einer Hochadeligen auf den billigen, hinteren Plätzen der Thronfolgerliste war für sie vorbei, als ihr Vater unvorhergesehen König wurde.

Dann kam Susan, der erste Corgi, der wirklich nur

zu Elizabeth gehörte. Und der wichtigste Hund ihres Lebens, denn von Susan sollten alle künftigen royalen Corgis abstammen, mit denen die Queen in den kommenden 74 Jahren raufen und schmusen würde. Ihre Eltern schenkten ihr Susan als zwei Monate alten Welpen am 21. April 1944 zum 18. Geburtstag. Mit dem royalen Rätsel, warum sie ihn nicht aus der Zucht von Thelma Gray holten, sondern aus einem Zwinger, der eigentlich für seine besonders klobigköpfigen Bullmastiffs bekannt war, beschäftigen sich aus meiner Sicht entschieden zu wenig Historiker. Offiziell hieß Susan da noch Hickathrift Pippa, Elizabeth benannte sie erst in Sue, dann in Susan um, und die beiden waren fortan unzertrennlich.

Also, ernsthaft. Susan war dabei, als Elizabeth am 20. November 1947 mit ihrem brandneuen Ehemann Philipp, dem Duke of Edinburgh, direkt nach ihrer Verheiratungszeremonie in die Flitterwochen nach Schottland fuhr. Freundliche Vertraute hatten sie in den offenen Landauer geschmuggelt und unter einer Decke versteckt, wo sie vor den Blicken der Schaulustigen verborgen blieb. Elizabeth freute sich sehr, als sie sie dort fand, und wenn man sich mit diesem Wissen noch einmal die Bilder von Elizabeth in besagter Kutsche anschaut – ihr grundglückliches Gesicht unter diesem eigenartigen Hut mit frontalem Zierpuschel, aus dem drei unbestimmt ins Leere tastende Tentakeln ragen –, fühlt man sich ein bisschen wie ihre Komplizin.

Susan sah anders aus als die Corgis, die man heute kennt, entschieden eckiger, mit schärferen, fuchsigeren Gesichtszügen. Der Corgi wurde runder und weicher, je weiter sich sein Beruf vom Arbeitshund zum Kumpeltier entwickelte, außerdem wurde er von den Züchtern deutlich tiefergelegt und seine Läufe nach dem Vorbild von Babyspeckbeinchen verdickt, weil er nun ja nicht mehr hinter unkooperativen Schafherden hersprinten musste. Es kam nun weniger auf seine Hütefähigkeiten und mehr auf sein Aussehen an, darum verschmunzelte man ihn in Richtung Zeichentrickwesen. Der Fachbegriff dafür, wenn Frauen ähnliche Manöver an sich selbst vornehmen, sich die Haare glätten und helle Strähnchen färben, um schmiegsamer, smoother, streichelbarer auszusehen, heißt übrigens »Labradoring«, nach der vergrinstesten Hunderasse, die es gibt. Susan mit dem leicht maliziösen Fuchsgesicht allerdings traute man auch heftigere Gefühlsregungen zu. Als Elizabeth ein Jahr nach der Hochzeit ihr erstes Kind Charles auf die Welt brachte, bat die Kinderseite des Daily

Mirror seine jungen Leser darum um Tipps, wie die Prinzessin Susan davon abhalten könnte, einen eifersuchtsgetriggerten Groll gegen die neue Konkurrenz zu entwickeln. Die Antworten waren durchaus verständig, der Toptipp kam von Alan Moore aus Robertsbridge: »Erstens: Susan das Baby zeigen, Susan dabei die ganze Zeit streicheln. Zweitens: Wenn das Baby gestillt wird, Susan eine schöne Schüssel Milch oder Tee danebenstellen.«

Ein Jahr nach Elizabeth wurde auch Susan Mutter. Weil sie während eines Besuchs auf Balmoral läufig wurde, hatte man sie umständehalber in ein Postflugzeug gesetzt, das sie zum Vollzug zu Thelma Gray nach Südengland brachte. Dort wurde sie einem von Thelmas Deckrüden namens Lucky Strike zugeführt, einem Red-Dragon-Sohn. Für die beiden Hunde mag das Folgende nur ein kleiner Schritt gewesen sein, für die royale Corgi-Geschichte war es ein riesengroßer: der Beginn einer neuen Dynastie.

Denn Susan gebar Honey, Honey gebar Bee. Bee gebar Heather, Heather gebar Foxy, Foxy gebar Brush, Brush gebar Crown Princess. Crown Princess gebar Smoky, Smoky gebar Spark, Spark gebar Dash, Dash gebar Rush, Rush gebar Quiz, Quiz gebar Emma, Emma gebar Linnet, und Linnet gebar Holly und

Willow, mit denen Susans Linie endete. Dass sich eine Zuchtlinie über so viele Jahre auf eine einzige Hündin (die »foundation bitch«) zurückführen lässt, ist sehr selten, weswegen Susan unter Corgi-Züchtern nicht weniger als eine Legende ist – nicht, weil sie der erste Corgi der Queen war, sondern weil ihre Gene so lange weiterlebten. Als Elizabeth II. noch aktiv züchtete, war sie das einzige Mitglied der Welsh Corgi League, des britischen Zuchtverbands der Rasse, das auch in der 14. Generation immer noch jeden Wurf in direkter Linie auf ihre Stammhündin zurückverfolgen konnte. Um diese Verbindung stabil zu halten, behielt die Queen nach Möglichkeit eine Hündin von jedem Wurf, die anderen Welpen verschenkte sie. Rund 30 Corgis hat sie im Laufe ihres Lebens besessen, aber Susan blieb ihr der wichtigste. Weil Susan in ihr Leben kam, als sie gerade zum ersten Mal verliebt war, weil sie ein Geschenk ihres Vaters gewesen war, den sie so früh verloren hatte. Und weil Susan die Einzige war, die sie exakt gleich behandelte, als sie 1952 nach seinem Tod mit 26 Jahren zur Königin Elizabeth der II. wurde.

Auch als Queen führte sie ihre Zucht weiter, mit der Ernsthaftigkeit einer Hundeversessenen und den Privilegien einer Monarchin. Sie bestellte vielversprechende Deckrüden ein, um sie vor dem eventuellen Vollzug erst einmal ausführlich zu begutachten – üblicherweise ist es die Hündin, die zum Deckakt anreisen muss. Erst vor einigen Jahren sprachen einige der über die Jahre beteiligten Züchterinnen in einer rührend ernsthaften, erfreulich ausführlichen Coverstory der britischen Vanity Fair über ihre Begattungsdates bei der Queen, bislang hatten sie darüber sogar untereinander Stillschweigen bewahrt. »Nur mein Tierarzt wusste es«, sagt eine von ihnen in dem Artikel.

Die zitierten Züchterinnen fanden reichlich Lobesworte für die züchterischen Qualitäten der Queen. Weil sie ihre Hündinnen artgerecht auslaste – einige ließ sie tatsächlich auch als praktizierende Hütehunde ausbilden –, seien sie hinreichend aufgemuskelt, um bei den Geburten über genügend Presssubstanz zu verfügen. Die modernen Zier- und Schmusecorgis müssten ihre Welpen dagegen oft mittels Kaiserschnitt entbinden. Viele eher oldschool-mäßig eingestellte Corgi-Menschen teilen auch Elizabeths hundeästhetische Vorlieben: Sie mag ihre Corgis am liebsten tiefrot, in jener kräftigen, ursprünglichen Fuchsfarbe, mit möglichst wenig Weißanteil. Eine Corgi-Funktionärin erinnert sich in Vanity Fair daran, wie die Queen einmal ihrem eigenen Hund begegnete und in mitfühlender Leutseligkeit bemerkte: »Oh, er hat aber sehr viel Weiß an sich, nicht?« Bei anderer Gelegenheit wies sie einen Züchter zurecht, der damit prahlte, sein Deckrüde habe noch niemals einen Welpen mit flaumigem Fell hervorgebracht. Laut Rassestandard wäre dies auch ein schwerer Fehler – als ursprüngliche Gebrauchshunderasse soll der Corgi ein wetterfestes, harsches Deckhaar und dichte Unterwolle haben. Ist das Fell zu weich und seidig, sodass es aussieht, als trage er winzige Pluderhosen im MC-Hammer-Style, bleibt im Winter der Schnee daran kleben, und unter den Corgi-Achselhöhlen formen sich kleine Schneebälle, was wahnsinnig niedlich klingt, aber sicher beschwerlich ist, wenn man ein kleiner Hund mit bodennahem Bauch ist. Unerwünscht flauschige Corgis werden in der Züchtersprache »Fluffs« genannt, vermutlich kommt das sich hartnäckig weiterverbreitende Fluff-Gen daher, dass vor sehr langer Zeit einmal Collies in die Corgi-Linie eingekreuzt wurden, die dann alles ungewollt aufbauschten.

Die Ehrenantwort der Queen an den Prahlzüchter jedenfalls wird in britischen Züchterkreisen immer noch voller Respekt rapportiert: »We *all* have fluffs.«

Hätte ich die Möglichkeit, der Queen eine einzige Frage zu stellen (zum Beispiel, wenn sich bei unserem gemeinsamen Rinderauktionsbesuch der Auftritt der Belted-Galloway-Abteilung ungeplant verzögert, jener Färbungsvariante der schwarzen Galloway-Rinder, die einen dicken, weißen Bauchgurt tragen, die also wie Schabrackentapire aussehen, nur eben als Kühe), ich würde die Queen fragen, nach welchem Prinzip sie ihre Corgis tauft. Liest man sich mal wieder durch ihren verzweigten Stammbaum, was am meisten Spaß macht, wenn man mal wieder etwas sehr Dringliches und Unaufschiebbares zu erledigen hat, kann man manchmal schlüssige Zusammenhänge entdecken. Einigen Wurfgeschwistern gab sie Heckel-und-Jeckel-mäßige, auch semantisch verbandelte Namen: Honey und Sugar, Sherry und Whisky, Myth und Fable. Manchmal spannte sich ein Thema über Generationen hinweg: Honeys Tochter hieß Bee, deren Tochter dann Buzz. Beim letzten Wurf, den Endzweigen ihres Corgi-Stammbaums, zog sie ein kohärentes Botanik-Motiv durch: Linnet, eine vermutliche leinenfarbene Hündin, brachte also Bramble (Brombeere), Cedar (Zeder), Holly (Stechpalme), Larch (Lärche), Laurel (Lorbeer), Willow (Weide), Rose und Jasmine zur Welt. Aber was war die gemeinsame Namensklammer zwischen den Geschwistern Mask, Rufus, Brush und Cindy? Mask hatte vielleicht eine batmanmäßige Gesichtszeichnung, Brush eventuell einen besonders bürstigen Bürzel – aber wer waren die Namenspaten für Rufus und Cindy? Von Monty (den die Queen als Welpen ihrer Mutter schenkte und nach deren Tod wieder in ihr Rudel aufnahm) weiß man, dass sie ihn nach Monty Roberts taufte, dem sogenannten Pferdeflüsterer: Er ist der offizielle Berater der Queen in Pferdefragen und gibt ihr gelegentlich inoffiziell auch Tipps zum Thema Hundeerziehung. Ich mag, wie die Queen Dash und Dice verpaarte, ihre Welpen Dime, Dawn, Dipper, Disco nannte – und beim letzten Hündchen dann allen Alliterationsbock verlor und ihm den Namen Rush gab. Meine liebste Benamungs-Kombi im Corgi-Katalog der Queen ist aber der Dreiklang aus dem Rüden Red Ember, der Hündin Smoky und dem Welpen Spark: Rote Glut und Rauch tun sich zusammen, und heraus kommt ein Funke – das ist physikalisch nicht wirklich korrekt, aber hochpoetisch. Und deutlich tiefsinniger als der Name des extern gebuchten Rüden, der schließlich Spark schwängerte: Er hieß Good Fun, und seine Deckrüdenkollegen daheim im Zwinger hörten auf die Variationen Such Fun, More Fun, What Fun und Twice the Fun.

Sieht man die königlichen Corgis nicht als amorphes Gewusel, sondern drösselt dieses Wedelkollektiv in namentlich identifizierbare Einzelhunde auf, merkt man erst, wie viele es wirklich waren, die mit der Queen im Laufe der Jahre das Palastleben teilten – und in ihrer Regentschaft eine wichtige Aufgabe übernahmen. Ihr Ehemann Prinz Philipp nannte diese Funktion einmal Elizabeths »dog mechanism«, was man vielleicht mit »Hundemanöver« übersetzen könnte. Es handelte sich dabei um einen sozialen Schleudersitz, und er funktioniert so: Wann immer der Queen eine Situation unangenehm wurde, lenkte sie die Aufmerksamkeit – ihre eigene und die der anderen – auf die Corgis. Schlingerte das Tischgespräch beim Staatsbesuch in eine ungute Richtung, schlug sie das Tischtuch zur Seite und reichte den Hunden unter dem Tisch ein paar Häppchen in ihre Teller. Wurde ein Familienmitglied in prekärer Lage vorstellig, musste sie sehr plötzlich und brandeilig mit den Hunden raus. Ihr Sohn Prinz Andrew hat einmal gesagt, als er seiner Mutter mitteilen wollte, dass seine Ehe mit Sarah Ferguson unkittbar zerdeppert war, habe er drei Wochen gebraucht, um an den Hunden vorbeizukommen. Der »moving carpet«, von dem Diana sprach, war eben eine Multifunktionstextilie: Wenn die Queen die Hunde im Laufe ihrer Regentschaft zu öffentlichen Auftritten mitnahm, hatte sie mit ihnen auch ein nicht auf den ersten Blick zu identifizierendes, beruhigendes Schnuffeltuch dabei. Ihre Corgis mochten kurzbeinig und nicht sehr furchteinflößend sein. Aber sie waren auch eine extrem zuverlässige Eskapismuskavallerie, die auf Stummelpfoten herangaloppierte, wann immer die Königin kurz vom Königinsein gerettet werden musste.

Und sie halfen in dieser Funktion nicht nur ihrer Besitzerin, sondern auch anderen. David Nott, ein Chirurg, der bei Hilfseinsätzen für »Ärzte ohne Grenzen« im syrischen Aleppo viel Grausames gesehen hatte und 2014 als Anerkennung für sein Engagement zu einem Mittagessen mit der Queen geladen wurde, erzählte danach in einer BBC-Radiosendung, er sei von dem Gesehenen noch so traumatisiert gewesen, dass er kein Wort herausbekam, als die Queen mit ihm über seine Arbeit sprechen wollte – er war erst zehn Tage zuvor aus dem Kriegsgebiet nach Großbritannien heimgekehrt. »Soll ich Ihnen helfen?«, fragte die Queen und begann, von ihren Hunden zu erzählen: Ob er sie vielleicht sehen wolle? Als Nott verwundert bejahte, ließ sie die Corgis bringen, brach einen Hundekeks entzwei und reichte ihrem Besucher eine Hälfte. Eine halbe Stunde lang hätten sie dann die Hunde gestreichelt und gefüttert, und sie habe ihm alles über ihre Freunde erzählt, berichtete Nott: »Sie war zutiefst menschlich.«

Corgi-Anekdoten waren in der Vergangenheit oft das bevorzugte Genre, wenn wieder einmal daran erinnert werden sollte, dass die Monarchin ein Mensch ist. Dann erzählten ehemalige Hofangestellte einer Zeitung, die Queen hänge an Weihnachten für jeden Corgi einen Strumpf an den Kamin und fülle ihn mit Hundekeksen. Eine Biografie über Prinz Edward bewies seine Palastnähe mit der Info, die Queen verbringe ihre freien Abende gern damit, ihren Corgis kontemplativ die Zecken aus dem Fell zu klauben und die abgefriemelten Sauginsekten dann ins Kaminfeuer zu werfen, wovor sich Charles sehr grause. Und das Magazin Country Life berichtete, die Queen trage stets einen speziellen Magneten bei sich, wenn sie im Palast ihren Hofschneider empfängt, um ein paar neue Kostüme in Quatschfarben angepasst zu bekommen – mit dem Magneten fahre sie anschließend die Teppiche ab, um alle verlorenen Stecknadeln einzusammeln, damit sich kein Corgi damit in die Pfote piksen kann.

Doch tragischerweise – und das eint royale Corgis und bürgerliche Kläffer – konnte die Queen ihre

Hunde nicht vor allen Gefahren beschützen. 1989 gab es eine schlimme Beißerei zwischen dem Corgi-Rudel der Königinmutter und jenem der Königin, bei der ein Corgi getötet wurde. Als eine Rangelei zwischen den beiden Corgi-Stämmen zwei Jahre später erneut zu eskalieren drohte, griff die Queen selbst beherzt in die belfernde Menge und zog sich eine Bisswunde zu, die mit drei Stichen genäht werden musste. Für ähnliche Notfälle empfahl ihr ein Tierpsychologe, die kämpfenden Hunde mit einem kleinen, aber lautstarken Vergewaltigungsalarmgerät auseinanderzuschrecken. Leider brauchte die Queen 2003 beim Weihnachtsaufenthalt auf ihrem Landsitz Sandringham zu lange, um das Gerät zu holen – Dottie, einer der Bullterrier von Anne, der Princess Royal, hatte Elizabeths Corgi Pharos so schwer verletzt, dass er eingeschläfert werden musste. Jeder Verlust traf die Queen schwer. »My corgis are family«, sagte sie einmal, obwohl sie sich sonst kaum öffentlich zu ihren Hunden äußerte.

Seit die Königinmutter 2002 starb, ist die Queen am Hof allein mit ihrer Corgi-Versessenheit. Anne bevorzugt Bullterrier, deren gelassenes Bollerkoppwesen auch vorzüglich zu einer hochresoluten Lady passt, die sich patent einem Entführer widersetzte, obwohl der eine Pistole auf sie richtete, und nach der man passenderweise einen Gletscher in der Antarktis benannt hat, cooler wird es wirklich nicht mehr. Ihr Bruder Charles beschied der Presse 1969 kurz nach seiner offiziellen Amtseinführung als Prince of Wales, er könne Corgis nicht besonders leiden – wenn man der 20-jährige Thronfolger einer unerschütterlichen Corgette ist, können die drei vermeintlich harmlosen Worte »Ich mag Labradore« enorme rebellische Sprengkraft entfalten.

Auch Philipp, der Herzog von Edinburgh, bevorzugt Labradore, die er freilich nicht als beschmusbare Kumpel, sondern als Jagdgehilfen hält. Doch er scheint für sie sentimentalere Gefühle zu hegen, als man diesem äußerlich ja immer etwas knorzig wirkenden Mann so aus der Ferne zutrauen würde. Candy, einem blonden Labrador, der am 12. Januar 1958 in Sandringham starb, ließ er einen Grabstein in die Steinmauer rund um das Anwesen setzen: »For 6 years the faithful companion of HRH the Prince Philip, Duke of Edinburgh«, sechs Jahre lang der treue Begleiter seiner königlichen Hoheit Prinz Philip, des Herzogs von Edinburgh, steht darauf eingemeißelt.

Ich lief an seinem Grab vorbei, als ich Sandringham besuchte und den Spazierweg einschlug, der weg von der königlichen Winterresidenz in den großen Park des Anwesens führte. Neben Candy liegen eine ganze Reihe weiterer Arbeitshunde, sorgfältig ist auf jedem Grabstein die jeweilige Rasse vermerkt, dazu die Abkürzungen »FTW« oder »FTCh«, die für »Field Trial Winner« und »Field Trial Champion« stehen und bekunden, dass der Verstorbene bei offiziellen Jagdhundprüfungen glänzen konnte. Manchen Hunden – den etwas besseren unter all den *good boys* – hämmerte man noch eine geschrumpfte Charakterbeschreibung in den Stein. »Sydney was a honest worker, a faithful companion and will be missed by all«, steht da zu lesen. Brae, ein schwarzer Labrador aus der Sandringham-eigenen Zucht, war »a gentleman among dogs«, sein blonder Kollege Salt »devoted and always willing to please«. Ein braunschimmel-farbiger Cockerspaniel namens Fern wird als »tireless worker and mischievous character« beschrieben – fleißig, aber boshaft, gemessen an der üblicherweise pietätvollen Dezenz von Grabinschriften ist das eine bemerkenswert offene Auskunft.

Königin Victoria, die Ururgroßmutter der Queen, begrub als Erste ihre Hunde in Sandringham. Sie regierte das Vereinigte Königreich von 1837 bis 1901, und etwas zugespitzt könnte man sagen, dass sie den Hund als Haustier überhaupt erst erfand. Bislang kannte man ihn nämlich vor allem als Wach-, Zug-, Jagd- oder sonst wie Arbeitstier, so gut wie alle Hunde waren berufstätig. Die reinen Gesellschaftshunde, die sich die Adeligen hielten, um die allfälligen Flöhe von sich selbst fernzuhalten, beschränkten sich in der Regel auf eigens für diesen Zweck gezüchtete Schoßhundrassen, etwa den im 17. Jahrhundert sehr beliebten Cavalier King Charles Spaniel, eine plattschnäuzigere und somit niedlicher gemeinte Nasenvariante des King Charles Spaniel. »Comfort spaniels«, Trostspaniel also, hießen diese Hunde, die vor allem den adeligen Damen in kalten Kirchen und zugigen Kutschen die Schöße warmhielten und auch ihre Herzen wärmten, während sich die abwesenden adeligen Herren in fernen Schlachten kriegerisch betätigten.

Tatsächlich besaß auch Victoria seit Prinzessinnentagen einen King Charles Spaniel namens Dash, den sie heiß liebte, und es geht die für Hundebesitzer plausible Verknallungsmär, dass ihr Cousin, Prinz Albert von Sachsen-Coburg und Gotha, ihr Herz gewann, als sie ihn extrem herzig mit Dash spielen sah. Es wurden schon Ehen, zumal in Königskreisen, aus bedeutend schlechteren Gründen geschlossen. Die goldene, mildmisanthropische Maxime *pets before people* wandelte sie als Königin in *pets before palace* um und notierte am Tag ihrer Krönung in ihrem Tagebuch, sie habe, als sie von der Zeremonie heimkam, erst einmal ausgiebig den Hund gebadet. Als Dash starb, begrub Victoria ihn im Park von Windsor Castle und ließ ihm einen Grabstein mit dieser Inschrift setzen: »Here lies DASH, the favourite spaniel of Her Majesty Queen Victoria, in his 10th year. His attachment was without selfishness, His playfulness without malice, His fidelity without deceit. READER, if you would live beloved and die regretted, profit by the example of DASH«. Ein Rat an den Betrachter, der auch auf Deutsch plausibel klingt: »LESER, willst du geliebt werden und nach dem Tod betrauert, lebe so wie DASH.«

Über hundert Hunde quer durch das Rassensortiment besaß Queen Victoria im Laufe ihres Lebens: Havaneser und Huskys, Möpse und Mastiffs, einen weißen Greyhound namens Swan und einen Rauhaardackel namens Waldmann der IV. Was nach Crazy-Dogladytum in höchster Vollendung klingt, half tatsächlich, die Lebensbedingungen der bürgerlichen Hunde im Königreich zu verbessern: Die Porträts von Victoria und Albert, auf denen stets auch einer ihrer geliebten Hunde zu sehen war, wirkten wie Werbeplakate für gelebte Tierliebe. So holten im 19. Jahrhundert auch die niedrigeren Adelsstände und die Mitglieder der Kaufmannsklasse ihre für den Schoßhundjob eigentlich überdimensionierten Hunde vom Hof ins Haus, und Porträts mit Hundebegleitung wurden so beliebt, dass sich hundelose Menschen für die Posiersitzung einen Requisiten-Pudel borgen konnten.

Noch auf dem Sterbebett dachte Victoria im Januar 1901 an ihre Hunde und bat um ihren Lieblingsspitz Turri, der sich in ihren letzten Stunden an sie kuschelte. Ihrem Mann Albert, der 40 Jahre vor ihr starb, ließ sie den Lieblingshund sogar auf das Grabmal meißeln: Seine liebste Greyhound-Hündin Eos liegt in der Albert Memorial Chapel, einem Teil der St George's Chapel, in weißem Marmor zu Füßen des toten Prinzgemahls (begraben sind Albert und Victoria allerdings beide, hundelos, im Mausoleum von Frogmore). Albert hatte Eos aus Deutschland mitgebracht, als er mit nur 20 Jahren nach England ging, um seine Cousine zu heiraten. An ihrem Hof blieb er stets ein Fremder, sprach Englisch mit schwerem, rumpeligem Akzent, und man kann gut verstehen, warum er so an dem Hund hing, der ihn als Letztes mit der Heimat verband.

Eos wurde auf einem Hügel im Garten von Schloss Windsor begraben, aber irgendwo auf dem 8000 Hektar großen Anwesen von Sandringham muss einer von Victorias geliebten Collies liegen, die sie praktischerweise alle Noble nannte. Auf der Suche nach einem bemoosten Grabstein oder einer verwitterten Hundeskulptur schlich ich durchs Gestrüpp, schaute hinter Büsche und entdeckte schließlich, als ich schon aufgeben wollte, gleich neben dem Haus, etwas nach hinten versetzt und fast vollständig von Blumen verdeckt, die Ränder zweier abgerundeter Grabsteine. Viel war von ihnen vom Weg aus nicht zu sehen, also machte ich einen beherzten Sprung über die Blumenrabatte und landete in weicher, frisch glatt geharkter Erde, in der ich sofort tiefe Tapser hinterließ wie die gimpelhaften Gauner in meinen Kinderdetektivbüchern, die direkt übereifrig ihre Alibi-Kinokarten präsentierten, obwohl doch nur der Mörder wissen konnte, um welche Tatzeit es sich handelt.

Ich schob ein paar Zweige mit klopsigen, cremefarbenen Blüten auf die Seite und las mühsam die kaum mehr sichtbare Schrift auf dem ersten Stein: »Dear beautiful little Billee, given me & brought back from China by Sir Nicholas O'Conner, died« – und dann eine nicht mehr zu entziffernde Jahreszahl. Der Stein daneben war noch stärker in Mitleidenschaft gezogen, auf ihm konnte ich nur die Worte »companions in joy and sorrow« und die Namen »Punchie« und »Facie« entziffern, dazu zwei Sterbedaten, die mit den Ziffern 18 begannen. Genug Hinweise für Dog-Detektivin Rützel, um zu ahnen, dass hier Hunde begraben lagen, die einmal Alexandra von Dänemark gehört hatten, die an der Seite von Eduard dem VII. zu Beginn des 20. Jahrhunderts über Großbritannien regierte – Queen Victorias Schwiegertochter.

Alexandra war tatsächlich noch hundeversessener als Victoria, auch wenn das kaum vorstellbar ist. Ihre Menagerie in Sandringham umfasste ein noch diverseres Hunde-Sammelsurium vom Irischen Wolfshund bis zum Basset, darunter auch die beiden japanischen Spaniel (heute als Japan Chin fast in Vergessenheit geraten) namens Billee, in der historischen Hundeforschung meist »Billy« geschrieben, und Punchie, auch als »Punchy« bekannt. Ein berühmtes Porträt der Königin, gemalt von Luke Fildes, als Alexandra noch den Titel Princess of Wales trug, zeigt sie zusammen mit ihrem zierlichen, federfelligen Spaniel Facey, den ihr laut Grabstein der britische Diplomat O'Conner aus Asien mitbrachte – Kopien dieses Bildes hingen zu ihrer Regierungszeit in vielen öffentlichen Gebäuden.

Alexandras Mann, König Edward der VII., war ebenfalls hundenärrisch – einen Foxterrier liebte er so sehr, dass er damit eventuell den Ersten Weltkrieg auslöste. Caesar trug ein Halsband, auf dem »I am Caesar. I belong to the king« stand und war mit seinem Herrchen so eng verbunden, dass der König einmal das gesamte Polizeiaufgebot von Marienbad mobilisierte, weil Caesar erst zwei kostbare weiße Pfauen gerissen hatte und dann in den Wald verschwunden war. Als der König starb, ließ Alexandra den Hund an prominentester Stelle in dessen Begräbnisprozession mitlaufen: gleich an erster Stelle hinter dem Pferd des toten Monarchen, das der ikonografischen Tradition gemäß mit leerem Sattel direkt hinter dem Sarg hergeführt wurde. Ein Highlander in Kilt hielt Caesar an der Leine, und dieses kleine, weiße Strupphündchen, das so verloren in der monströsen Militärparade von Westminster aus durch Central London trippelte, rührte die Massen am Straßenrand sehr. Und ließ den deutschen Kaiser Wilhelm den II. vor Wut kochen: Dass er zusammen mit elf anderen gekrönten Häuptern und 47 weiteren höchstrangigen Hoheiten, militärischer Prominenz und US-Präsident Theodore Roosevelt hinter einem Hund herlaufen musste, empfand er als kaum erträgliche Düpierung durch das britische Empire, das da gerade noch auf der Höhe seiner Macht und Glorie war. Tatsächlich gibt es die Theorie, der kaiserliche Begräbniszorn habe seinen Hass auf Großbritannien so lodernd geschürt, dass ein kleiner, struppiger Hund vier Jahre nach der Beerdigungsprozession möglicherweise zumindest eine winzige Statistenrolle beim Ausbruch des Ersten Weltkriegs spielte.

In der öffentlichen Trauer um den König übernahm Caesar die Rolle des Stellvertreters, mit dem man sich leicht identifizieren konnte. Einen Monat nach der Beerdigung erschien das Buch »Where's Master?«, in dem der Tod und das Begräbnis des Königs aus Caesars Ichperspektive erzählt wurden. Die prominente Hundeporträtistin Maud Earl malte eines der tieftraurigsten Hundebilder überhaupt: »Silent Sorrow« zeigt den matten Caesar, der seinen Kopf auf dem leeren Lieblingsstuhl seines Herrchens abgelegt hat. Wie Eos ist auch Caesar Teil des Grabmals seines Herrchens, er liegt zusammengerollt zu seinen Füßen. Alexandra, Edwards Witwe, hatte 13 Jahre später mit einem weiteren Tod in der nahen Familie zu ringen, den sie kaum verkraftete. Als 1914 ihr liebster Pekinese Togo starb, war sie darüber so aufgelöst, dass sie ihn auf ein Kissen in ihrem Schafzimmer bettete und streng verbot, dass er von dort weggenommen würde – auch, als Togo nach zwei Tagen kaum mehr erträglich zu riechen begann. Eine liebe Freundin kam, um Alexandra abzulenken, man aß zusammen Eiersandwiches, und Alexandra soll gedankenverloren daran geschnuppert und dann bemerkt haben: »Genau wie mein süßer, kleiner Togo« – worauf sie schließlich doch beschlossen habe, ihn beerdigen zu lassen.

Es ist nichts darüber bekannt, wie Queen Elizabeth II. ihren ersten Corgi begrub. Susan starb 1959, mit 15 Jahren, als die Queen mit ihr in Sandringham war. Ein Diener brachte Susan, als es ihr immer schlechter ging, noch zum lokalen Tierarzt in King's Lynn; der vermutete einen Lebertumor und schrieb ein paar Fragen auf ein Stückchen abgerissenes Papier. Anderntags kam der Diener mit den Antworten zurück, die die Queen selbst auf den Fetzen gekritzelt hatte: »Gewichtszunahme seit wann?«, fragte der Arzt knapp, weil Susan eine deutliche Bauchdelle zeigte. »Keine Ahnung«, antwortete die Queen, »sie ist immer schon dick gewesen. Vielleicht merklich vor einer Woche.« Der Arzt schickte Susan zur Operation an das veterinärmedizinische College von Cambridge, doch als man sie aufschnitt, war der Befund hoffnungslos, und man schläferte Susan direkt ein.

Die Queen schickte dem Tierarzt drei Tage später einen handgeschriebenen Brief und dankte ihm für alles, was er für »my dear old Susan« getan hatte: »Ich hatte immer Angst davor, sie zu verlieren«, schrieb Elizabeth, aber sie sei froh, dass Susan nur kurz leiden musste. »Vor einer Woche hat sie für uns bei der Jagd noch munter und lautstark bellend das Wild aufgestöbert.«

Die Queen ließ ihre Corgis stets dort begraben, wo sie starben, es gibt eine Reihe winziger Gräber auf Balmoral, einige liegen in Windsor. In Sandringham gibt es drei kleine, schlichte Steine nebeneinander. Ich fand sie irgendwann im hohen Gras, im ungestutzten, wilden Teil des Parks, gerade noch in Rufweite von der Terrasse liegen sie: Susan, daneben Heather, ihre Tochter, dann Sugar, eine Urenkelin.

All ihre anderen Hunde, die hier starben, sind anonym begraben, aber Susan ist immer noch sichtbar, wie ein Anker in die Vergangenheit, ein Überbleibsel aus der durchgerauschten Jugend. Als Lady Pamela Hicks, eine Cousine von Prinz Philipp, der Queen nach Susans Tod eine Kondolenzkarte schickte, schrieb die ihr einen sechsseitigen Brief darüber zurück, warum sie diesen Hund so geliebt hatte. »Unsere Haustiere sind für uns auch kleine Alter Egos«,

sagt die Sozialanthropologin Kate Fox in der Netflix-
Dokureihe »The Royals« in der Episode, die allein den
königlichen Tieren gewidmet ist: »Ein bisschen sind
sie für uns das, was ein Psychotherapeut unser ›inne-
res Kind‹ nennen würde.« Auf die Mitglieder der königlichen Familie treffe das noch mehr zu als auf ge-
wöhnliche Menschen, weil sie immerzu so beherrscht,
gehemmt und würdevoll sein müssen, und so selten Gelegenheit dazu bekommen, mal alles einfach
herauszubellen, was sie wirklich fühlen. Ihre Corgis mussten nervige Menschen für die Queen mit-
zwicken, weil sie es nicht durfte. Oder, wie Kate Fox
es ausdrückt: »Ihre innere Bratze darf sie nicht so oft
rauslassen, nicht wahr?«

Man sagt, der Tod sei der größte Gleichmacher,
was wohl stimmt, aber es klingt doch erfreulicher,
wenn man behauptet: Der Hund ist es. Ihm ist es egal,
ob man Fernsehrichterin, Abdecker oder Königin ist,
er macht seine Liebe nicht davon abhängig. Seine
Zuneigung kann einen größer machen, als man ist,
und kleiner, je nachdem, was man braucht. Und wenn
man beide Gedanken zusammennimmt und an den
Tod eines Hundes denkt, hat man möglicherweise
den größten Gleichmacher von allen: Es ist ein sur-
reales, aber gleichzeitig sehr warmes, echtes Gefühl,

am Grab von Susan zu stehen und zu wissen, dass die Königin von Großbritannien genau hier genau so um ihren ersten Corgi geweint hat wie ich anderswo um meinen ersten Hund, den Foxterrier Figo. Hier ist Planet Corgi Central, das Parallelfleckchen, auf dem sie wirklich einfach nur ein Hundemensch ist.

Als Susan starb, schrieb die Queen einen Brief an den Verwalter ihres Anwesens und zeichnete eine Skizze des Grabsteins, den sie sich für Susan wünschte: »Susan / died 26th Jan 1959 / for 15 years the faithful companion of the Queen«. Dann schickte sie einen zweiten Brief hinterher, weil sie inzwischen Susans genaues Geburtsdatum ausfindig gemacht hatte, und bat darum, es noch dem Sterbedatum hinzuzufügen. Zwei Wochen später schrieb sie erneut: »Ich habe nur noch die Anmerkung, dass wir im Dienste der Genauigkeit *fast* 15 Jahre lang schreiben sollten. Der Rest ist ganz gut.« Das Wort »fast« hatte sie unterstrichen und den Brief mit ER unterschrieben.

Die knappe Signatur erinnerte mich an das schlichte Namenskürzel auf dem Grab des sogenannten Kaiserdackels Erdmann. Er war der Lieblingshund von Wilhelm II., der zwar verständnislos brauste, wenn es um anderer Herrscher Hunde ging, seinem eigenen aber auch eine schwarze Steintafel aufs Grab setzen ließ, mit vergoldeter Inschrift: »Andenken an meinen treuen Dachshund / Erdmann 1890–1901 / WII«. Das ist bemerkenswert schlicht und demütig für den Pomp liebenden Kaiser. Erdmanns Grab liegt auf der Roseninsel des Schlossparks Wilhelmshöhe, man kann ihn gut besuchen, wenn einem eine Bahnpanne längeren Aufenthalt am nahe gelegenen Kasseler Bahnhof beschert.

In den letzten Jahren waren die Corgis der Queen immer deutlicher mit dem Sterben verbunden. Als am Ostersonntag 2002 ihre Mutter starb und Elizabeth ihre Residenz Clarence House besuchte, um ihren Leichnam zu sehen, nahm sie auf dem Heimweg die Corgis ihrer Mutter mit, um sich fortan um sie zu kümmern. 2015 ließ sie offiziell verkünden, selbst keine weiteren Hunde mehr züchten zu wollen. Ihre ganze, lange Regentschaft hindurch war ihr niemals versiegender Corgi-Strom auch Symbol für diese Beständigkeit, aber mit dieser Verlautbarung wurden sie nun umgekehrt ein Indiz dafür, dass auch die Queen tatsächlich sterblich ist – auch wenn man sich kaum vorstellen kann, dass sie einmal nicht mehr da sein wird. Denn das ist der Grund dafür, keine neuen Corgis mehr in die Welt setzen zu wollen: Elizabeth will keinen Hund zurücklassen, wenn sie stirbt.

Willow, der letzte Corgi aus Susans Linie, starb im April 2018. Ein halbes Jahr später ging Whisper, der letzte Corgi, der der Queen nach Willow noch geblieben war. Whisper war der Hund von Bill und Nancy Fenwick gewesen – er arbeitete jahrzehntelang als Wildhüter in Sandringham, sie kümmerte sich um die Corgis der Queen, wenn diese königlichen Pflichten nachkommen musste. Die Fenwicks wohnten in einem zweigeschossigen Haus, damit die Corgis auf ihrer Treppe üben konnten, wie man in ein Flugzeug klettert, in ihrer Küche hockte die Queen auf dem Boden, wenn dort gerade ein neuer Wurf auf die Welt gekommen war. Als Nancy mit 84 Jahren starb, ging die Queen zu ihrer Beerdigung, eigentlich tut sie das nur bei Familienmitgliedern. Als Bill mit Mitte neunzig schließlich zu krank war, um sich um seine eigenen Hunde zu kümmern, nahm die Queen sie in rührender Rollenumkehrung mit auf ihren Spaziergängen. Nach seinem Tod nahm sie Whisper auf, sie hatten noch zwei Jahre miteinander.

Zwei Dorgis namens Vulcan und Candy sind ihr danach noch geblieben, ein weiteres Überbleibsel aus vergangener Zeit, von gegangenen Menschen. Dorgis sind eine Kreuzung aus Dackel und Corgi, die Elizabeth und ihre Schwester Margaret versehentlich erfanden, lange bevor Hybridrassen wie Schnoodle, Puggle und alle möglichen -doodles modern wurden. Prinzessin Margarets Glatthaarzwergdackel Pipkin hatte mit Elizabeths Corgi Tiny ungeplant für Nachwuchs gesorgt, den beiden Besitzerinnen gefiel das Ergebnis so gut, dass sie in den folgenden Jahren immer wieder gezielt Dorgi-Würfe auf die Welt bringen ließen (und dabei den Größenunterschied zwischen den beiden beteiligten Hunderassen ausglichen, indem sie den kleineren Begatter während des Vollzugs auf einem Backstein stehen ließen).

Nach Margarets Tod stellte die Queen die Dorgi-Zucht ein, sie war ein Scherz, der die Schwestern verband.

Vulcan und Candy werden ihre letzten Hunde sein. Der Corgi, der zwischenzeitlich in Großbritannien auf der Liste der vom Verschwinden bedrohten Hunderassen stand, konnte seinen Bestand inzwischen wieder stabilisieren und erfreut sich neuer Beliebtheit. Die Nachfrage stieg zeitgleich mit dem Launch der Netflix-Serie »The Crown«. Darin ist eine junge Königin zu sehen, die einen Corgi-Welpen auf dem Schoß hält. Und bekennt, am glücklichsten zu sein, wenn sie nicht mit anderen Menschen, sondern bei ihren Hunden ist.

FRIEDRICH II.

Mein Hund besitzt vier Betten, ein Elviskostüm und mehr warme Wintermäntel als
ich. Wenn wir bei meinen Eltern in Unterfranken zu Besuch sind, fahre ich ihn
abends mit dem Auto auf eine 200 Meter
entfernte Gassiwiese, weil er sich auf dem
dunklen Land so fürchtet und im Finsteren keinen Schritt gehen will. Ich habe
ein hundegesundes Hackfleischgericht namens »Spaghetti Jurinese« kreiert, das ich
ihm öfter zubereite, während ich ähnlichen Kochaufwand für mich selbst viel zu
anstrengend finde, und er bekommt im
Sommer frisch gemixte Leberwurstschorle

serviert, damit er bei der Hitze ausreichend trinkt. Ich behaupte also von mir, dass ich ganz gut dabei bin, was allgemeinen Hundewahn angeht – aber ich habe wirklich, ehrlich, noch nie einen Brief in seinem Namen verfasst, und seitdem ich für dieses Buch recherchiere, kommt mir das absolut nachlässig vor.

Marilyn Monroe schmuste sich in Bassetgestalt an Millers Kinder ran, die Freudfamilie ließ Hunde dichten – und Friedrich der Große nutzte eine vorgetäuschte hundliche Korrespondenz als geschwisterliches Rollenspiel: Mit seiner Schwester Wilhelmine unterhielt der Preußenkönig eine Brieffreundschaft, bei der sein Lieblingswindspiel mit ihrem Zwergspaniel korrespondierte, und zwar, weil das ja noch nicht wunderlich genug ist, in geziertem Französisch.

Nein, mein Hund wird keine Briefe schreiben, sein Schulfranzösisch gibt das nicht her. Aber ich würde mir von Friedrich II. gern eine andere hundebezogene Marotte abschauen: Er ließ seine Hunde von seinen Dienern siezen, das finde ich stilvoll. »Alkmene, würden Sie bitte nicht so laut bellen?« – das ist doch bedeutend netter als ein rohes »Aus!«. Ich habe zwar kein Personal, aber genug mit groben Passanten zu tun, die es ja schon wunderlich finden, wenn sie auf der Straße mitbekommen, dass ich zu meinem Hund

Danke sage, wenn er sich zum Beispiel an der Ampel hinsetzt. Sie finden es komisch, dass ich ihn nicht als untergebenen Befehlsempfänger sehe, und halten selbst einfachste Formen der Höflichkeit einem Tier gegenüber für übertrieben.

Friedrich war anders. Er liebte Hunde, aber er respektierte auch andere Tiere, und ging sehr viel achtsamer mit ihnen um als etwa Churchill, der aus einer persönlichen Laune heraus ein Schnabeltier zu einer lebensbedrohlichen Schiffspassage zwang. Friedrich hingegen ließ erst mal ein Gutachten anfertigen, als ihm Katharina die Große ein Dromedar schenken wollte – was man eben dem Monarchen, der schon alles hat, als Präsent überreicht. Friedrich akzeptierte erst, als Experten ihm versichert hatten, das Tier würde mit dem märkischen Klima gut zurechtkommen, schreiben Sibylle Prinzessin von Preußen und Friedrich Wilhelm Prinz von Preußen, selbst Nachfahren Friedrichs, in ihrem Buch »Die Liebe des Königs«, das die große Tiervernarrtheit des Monarchen beleuchtet: Als eines seiner zahmen Hausäffchen an Schwindsucht starb, habe er dessen überlebende Artgenossen fürsorglich zurück in ihre warme Heimat bringen lassen. Wenn er ritt, habe er keine Gerte und keine Sporen benutzt. Und als ihn ein Kammerdiener verwundert nach dem Grund fragte, soll Friedrich ihn aufgefordert haben, doch mal eben seinen Bauch freizumachen und den Wanst herauszustrecken, damit er demonstrationshalber mit etwas Spitzem hineinpiksen könne.

Am liebsten von allen Tieren aber waren ihm seine Windspiele, zierlich gewachsene Windhunde, dem heutigen Whippet ähnlich, und in Friedrichs Fall wahrscheinlich englischer Abstammung. Sehr menschenbezogen sind diese Hunde, vielleicht liebte Friedrich sie vor allem wegen dieser Anhänglichkeit; seine Windspiele genossen es, wenn er sie bei Ausritten ganz nah an seinem Herzen trug, unter der Weste. Und ganz sicher galt ihnen seine Zuneigung auch deshalb, weil ihre offensichtliche Zartheit, das sichtbare Zittern – die seidenfelligen Tierchen frieren schnell und sind leicht aufzuregen – und ihre hasenpfötig trabende Eleganz ein extrem entschiedener Gegenentwurf zur preußischen Kantigkeit war und zur freudlosen Schroffheit seines Vaters Friedrich Wilhelm I., des sogenannten Soldatenkönigs, unter der Friedrich in seiner Jugend extrem leiden musste. Seine Windspiele waren obendrein ein Statement gegen hochadeliges Dünkelwesen und Statussymbole: Man musste nicht den höheren Ständen angehören, um diese Hündchen besitzen zu dürfen, wie es im 18. Jahrhundert zum Beispiel bei edlen Jagdhunden der Fall war.

Einen geradezu subversiven Touch bekommen Friedrichs Windspiele, weil sie durch ihre ausgesprochen harmlose, verspielte Anmutung auch eine gewisse Thronunwilligkeit des dazugehörigen Menschen ausstrahlen. Wer sich gern mit Windspielen umgibt und sich mit ihnen öffentlich zeigt, will nicht einschüchtern, nicht beherrschen. Sie sind die Gegenhunde zu den sogenannten Reichsdoggen, mit denen Otto von Bismarck ein gutes Jahrhundert später gern auftrat, um etwas von ihrer imposanten, naturgewaltigen Ausstrahlung für seine Reichskanzler-Interpretation abzuzwacken – man kann sich den erhofften Effekt vielleicht ähnlich vorstellen wie bei jenen Menschen, die sich nur deshalb einen Staffordshire Terrier oder eine Amerikanische Bulldogge zulegen, damit niemand merkt, dass in ihnen ein kleiner, eingeschüchterter Pinscher lebt.

Besonders prominente Reichsdoggen waren Sultan, der aus diplomatischen Gründen Sulti genannt wurde, um die politischen Führer des Osmanischen Reichs nicht zu verärgern, das hat dann schon wieder etwas entschieden Putziges, und Tyras, den Bismarck 1878 zum Berliner Kongress mitnahm. Der britische Premier Benjamin Disraeli berichtet von Nonstop-Nonsens-reifen Slapstickszenen, die dort ihren Lauf nahmen: »Am Vormittag hatte sich Fürst Gortschakow, ein verwelkter Greis, auf den Arm seines riesigen Rivalen, des Fürsten Bismarck, gestützt, als dieser einen plötzlichen Rheumaanfall erlitt und beide zu Boden stürzten, worauf der Hund [...], als er sah, dass sein Herr offenbar mit einem Gegner kämpfte, zu seiner Rettung herbeisprang.« Bismarck habe dann seine liebe Not gehabt, den Hund daran zu hindern, den Fürsten übel zuzurichten, konnte aber nicht verhindern, dass er dem russischen Außenminister die Hosen zerfetzte.

Mit seinem Windspielrudel lebte Friedrich seine sanfte Seite aus, die ihm der Vater als Kind nicht selten mit brutalen Stockschlägen aus dem Körper prügeln wollte: Er könne keinen »effeminierten Kerl« gebrauchen, wütete der Soldatenkönig, keinen Sohn, »malpropre an seinem Leibe«, der »seine Haare wie ein Narr sich frisiert«. Schwach und schwierig fand er seinen Thronfolger, der mit seiner älteren Schwester Wilhelmine, seiner engsten Vertrauten, lieber Kostüme anprobierte und Theaterstücke aufführte, statt auf die Jagd zu gehen, die er verabscheute. Der Vater nahm ihm den ersten eigenen Hund wieder weg, ein

Geschenk von Friedrichs Onkel Georg II., dem König von Großbritannien – weil es eben ein Windspiel war, das Friedrich Wilhelm I. als Gefährte für einen künftigen Regenten zu verzärtelt fand. Ein abgerichteter Jagdhund, ein Tier mit Gebrauchswert, das wäre etwas anderes.

Dafür schwänzelten jede Menge andere Hunde durch Friedrichs Kindheit. Wilhelmine und ihre Mutter, Königin Sophie Dorothea, liebten klassische, hofgängige Schoßhündchen und ließen ihren Zierspanieln eigens Ohrringe anfertigen; die Königin gab ihren Lieblingshund nach seinem Tod gar an einen Tierpräparator, um ihn, starr und glotzäugig, für alle Zeit und verfallsimprägniert bei sich zu haben. Friedrich fand keinen rechten Zugang zum überdrehten Treiben der Crazy Dog Ladys, obwohl er als Jugendlicher durchaus eine Neigung zu kapriziösem Chichi hatte und, wann immer möglich, seine Uniform, die er nur »Sterbehemd« nannte, gegen einen Morgenmantel aus Goldbrokat tauschte. Mehr als für Hunde interessierte er sich für die geheime Bibliothek, die er im Haus des Finanzrats Julius von Pehnen zusammentrug. Hier lagerte er die vom Vater verbotenen französischen Bücher – bis er 18 Jahre alt war, hatte er dreieinhalbtausend Bände angehäuft.

Als er den väterlichen Terror kaum mehr ertragen konnte, wollte Friedrich zu seinem Onkel nach England fliehen. Der Plan flog auf, weil ihn einer der beiden beteiligten Freunde, die die Flucht mit ihm vorbereitet hatten, an seinen Vater verriet – der andere wurde vor seinen Augen hingerichtet. Es ist kaum verwunderlich, dass man nach einem solchen Verrat nicht mehr die höchste Meinung von der Belastbarkeit menschlicher Freundschaft hat. Später, als König, schrieb Friedrich an seinen jüngeren Bruder August Wilhelm: »Sich selbst genug sein ist die Hauptsache im Leben, denn nur auf sich selbst kann man sich verlassen.« Und er formulierte einen durch und durch desillusionierten Sinnspruch, den es inzwischen auch als Wandtattoo gibt, die grausliche Endstufe volkstümlicher Kanonisierung: »Je besser ich die Menschen kenne, umso mehr liebe ich meine Hunde.«

Friedrich ließ sich in die Ehe zwingen, um dem väterlichen Hof zu entkommen. Er fand zwar, seine Gattin Elisabeth Christine von Braunschweig-Bevern habe einen »Gang wie eine Ente« und einen »hässlichen Mund«, sei schlecht angezogen und »ohne die geringste Lebensart«. Aber immerhin richteten sich die beiden einander nur mäßig zugetanen Unterromantisierten ein kommodes Leben auf ihrem Land-

sitz in Rheinsberg ein – und sie schafften sich reichlich Tiere an. Es gab dort einen Pudel, das Windspiel,
das die Prinzessin mit in die Ehe brachte, und ein
Äffchen namens Mimi, das auch vor den Schriften
des Aufklärers Christian Wolff nicht haltmachte, wie
Friedrich einem Freund schrieb: »Mittlerweile macht
sich mein Affe, von allen Affen der äffischste, von seiner Kette los, nimmt die Metaphysik, zündet sie an der
Kerze an und freut sich sehr, als er sie brennen sieht.«
In Rheinsberg komponierte Friedrich seine erste Sin-
fonie und schrieb den »Antimachiavell«, seine opti-
mistischen Ideen, wie ein aufgeklärter Idealmonarch
sein und regieren sollte.

Am 31. Mai 1740 starb Friedrich Wilhelm I., und
aus dem Kronprinzen wurde Friedrich II., König von
Preußen, ein Herrscher zwischen zwei Welten: Ei-
nerseits hatte er vielfältige Reformideen, schaffte er
die juristisch legitimierte Folter ab und lockerte die
Pressezensur, er ließ im großen Stil Maulbeerbäume
pflanzen, um auch in Preußen Seidenraupen züchten
und Seide produzieren zu können – aber er war auch
fast pausenlos in Kriege verwickelt. Ein halbes Jahr
nach seiner Krönung begann er den Ersten Schlesischen Krieg gegen Österreich, dem noch ein zweiter folgen sollte, bis Schlesien 1745 wieder Preußen

zugeschlagen wurde. Und Friedrich II. zettelte den Siebenjährigen Krieg an, in den fast alle Großmächte Europas verwickelt waren.

Ausgleichshalber spielte der doch eigentlich so feinsinnige König zwischendurch gern auf der Querflöte, bis er eine zweite Leidenschaft entdeckte, in die er sich flüchten konnte. Zwar verkündete er einmal, ihm sei noch nie ein Hund begegnet, den er nicht leiden konnte, doch hundenärrisch wurde Friedrich erst, als ihm sein Vertrauter Graf Rothenburg 1744 das Windspiel Biche schenkte. »Biche hat einen guten Geist und versteht viel – mir begegnen täglich Menschen, die sich weniger rational verhalten als sie«, schrieb er an seine Schwester Wilhelmine. Er nahm Biche mit zur Kur nach Bad Pyrmont, wo er sich prophylaktisch für die kommenden kriegerischen Strapazen in Form bringen ließ, und er nahm seinen Hund auch mit in den Zweiten Schlesischen Krieg gegen Österreich. Nach der verlorenen Schlacht von Soor wurde Biche von feindlichen Truppen gekidnappt, als sie verloren und verstört über das Schlachtfeld schlich. Völlig aufgelöst schrieb Friedrich, der Biche für tot hielt, an seinen Kämmerer Michael Gabriel Fredersdorf und beklagte zuerst den Tod seiner Tiere, bevor er zu einer Auflistung der toten, verwundeten und vermissten Menschen in seinem Leben kam: »Meine ganze Equipage zum Teufel, Annemarie ist todt gehaun, der Champion und die Biche muss auch todt sein« – Annemarie und Champion waren seine Pferde.

Schließlich erfuhr er doch, dass Biche im Besitz des österreichischen Generals Nadasti war, der sie bereits an seine Frau weiterverschenkt hatte. Friedrich hielt das für »die Entführung eines Mitglieds der königlichen Familie« und drängte mit aller diplomatischen Macht auf ihre Rückgabe. Irgendwann hatte er die Österreicher tatsächlich hinlänglich zermürbt, und Biche kam frei. General Rothenburg ließ sie heimlich zu Friedrich ins Zimmer, wo sie mit einem Satz auf seinen Tisch sprang und die Vorderpfoten um seinen Hals legte. Natürlich weinte Friedrich vor Freude – vermutlich absolut unpreußisch, aber so menschlich.

Ein zweites Mal gerieten Friedrich und Biche in höchste Kriegsnot, als der König sich bei einem Auskundschaftsritt zu weit in feindliches Gebiet verlief. Sein Biograf Franz Kugler beschreibt die hochdramatische Szene so: »Plötzlich bemerkte er einen Trupp Panduren, der ihm des Weges entgegengeritten kam; ihm blieb nichts übrig, als eilig in einen Graben hinabzuspringen und sich unter einer Brücke zu verbergen. Aber nun fürchtete er, dass Biche, die bei ihm war, bei dem Geräusch der Huftritte der Pferde bellen und ihn so verraten würde: das Tier jedoch, als ob es die Gefahr seines Herrn ahnte, schmiegte sich dicht an ihn und gab keinen Laut von sich.« Es erscheint mir absolut fair und angemessen, dass Friedrich Biche anschließend in das Mythengemälde im Musikzimmer von Schloss Sanssouci hineinmalen ließ, nicht dekohalber an den Rand, sondern mittenrein: Biche, unverkennbar, lehnt ihre Vorderpfoten auf die nackten Oberschenkel von Diana und schaut der Jagdgöttin direkt ins Gesicht.

Seine Lieblingshündin half Friedrich auch, den Bruch mit seiner Schwester Wilhelmine zu kitten, mit der er sich im Verlauf des Zweiten Schlesischen Kriegs überworfen hatte. 1748 näherten sie sich wieder an, und ihre Hunde übernahmen dabei diplomatische Führungspositionen. Folichon, der Zwergspaniel von Wilhelmine, schrieb nämlich einen Brief an Biche, im Original auf Französisch. »Geben wir zu, meine liebe Biche, dass die Menschheit verrückt ist und sich nicht viel Gerechtigkeit gibt«, beginnt das Hundeschreiben, dann schraubt sich der latent zur Schwadronage neigende Folichon in philosophische Betrachtungen zum Unterschied zwischen Menschen und Hunden. Eigentlich, befindet er, seien Hunde, bis auf ihr Aussehen, doch genau wie Menschen. »Der einzige Unterschied ist dieser: Wir besitzen weniger Laster und mehr Tugenden.« Schließlich leitet er zu leicht schwülen Liebesbekundungen über: »Ja, allerliebste Hündin, ich liebe und bete dich an. Dein Geist, deine Anmut, tausend Eigenschaften, die an dir glänzen, haben mich bezwungen. Ach, ich muss in Tränen ausbrechen, gedenke ich der allerliebsten Klapse, die du mir mit deiner Pfote gabst, als ich den verhängnisvollen Abschied von dir nahm.« Und nicht nur er sei traurig, auch sein Mensch Wilhelmine: »Ich hörte sie über die Trennung von einem geliebten Bruder klagen und immerfort von der glücklichen Zeit reden, die sie mit ihm in Berlin verbracht hat.«

Subtil geht anders, aber mit seiner wunderschönen Grußformel bekommt Folichon am Ende doch noch die Kurve: Er verspricht, dass er »täglich hundertmal mit dem Schwanz wedeln will – Dir zur Ehre und zum Preis«.

Biche antwortet hocherfreut, allerdings deutlich lässiger als der aufgeregte Spaniel: Sie nehme seinen Antrag gern an, weil sie stets der Meinung gewesen sei, »dass ein philosophischer Köter am besten zu mir passt«. Dann deutet sie kokett ihre aktuelle Schwangerschaft an, dieses »kleine Abenteuer, das meine

Taille verdorben hat«, und dann öffnet auch Biche die Säuselschleusen: »Du, mein Herr und ich, wir sind eines Schlages; und nur aus Trägheit und weil er nicht auf allen vieren laufen will, nennt mein Herr sich nicht ein Windspiel.« Ausführlich lobt sie die »göttlichen Tugenden«, die Güte und Menschenliebe von Wilhelmine: »Bitte lege mich ihr zu Füßen und meinen Herren zuerst.«

Schließlich übernahmen wieder die Menschen die Konversation. Wilhelmine berichtet Friedrich, schwerst überrascht: »Die liebenswürdige Biche hat an Folichon geschrieben.« Und sie, Wilhelmine, ziehe Biches Briefe »allen Episteln Ciceros, allen unseren Prachtstücken der Beredsamkeit vor, und finde an ihnen mehr Geschmack als an all unseren alten und neuen Schriftstellern. Der Grund ist einfach: Sie sprechen mir von dir und deinen Gefühlen für mich.« Der Hund als niedlichstdenkbarer Emo-Katalysator also, und Friedrich sah es ähnlich: »Die Tiere sind uns oft nützlich, um unsere Empfindungen natürlicher und offenherziger auszudrücken.«

Auch der jüngere Bruder der beiden bekam im selben Jahr Hundepost. Als Biche ihre Welpen zur Welt brachte, bat sie Prinz August Wilhelm, die offizielle Patenschaft für die Babyhunde zu übernehmen:

»Ohnerachtet derer vielen Warnungen und Vorstellungen meine Keuschheit zu erhalten«, sei es durch ihr »liederliches wollüstiges Leben dahin gekommen«, dass sie nun also einen Paten für ihre »wohlgestalteten Hunde-Kinder« bräuchte, um ihre Ehre zumindest notdürftig wiederherzustellen. August Wilhelm willigte ein, aber Friedrich schien seine überschwängliche Albernheit schon kurz darauf wieder zu bereuen, denn das Verhältnis zu seinem jüngeren Bruder – der mangels eigener Nachkommen auch sein Thronfolger war – war eigentlich zu angespannt für derlei Quatschbriefe – nach Friedrichs Fluchtversuch hatte ihr Vater eindeutig klargemacht, dass er August Wilhelm gegenüber seines Bruders bevorzugte. Also schickte er einen Brief hinterher: »Verzeih bitte Biches Dreistigkeit, Dich als Paten zu bitten. Es gibt nichts Zynischeres als die Hunde.« Biche-Blaming, das ist nicht nett.

Biche war die Erste von vielen Windspielen, die in Vierer- oder Dreierrudeln Friedrichs Leben teilten, und zwar nach einem straffen liebesökonomischen System: Ein Windspiel war stets Friedrichs besonderer Liebling, die anderen waren vor allem dazu da, diese bevorzugte Hündin (Friedrich hatte nur Windspiel-Weibchen) zu bespaßen. Die Favoritin lag den ganzen Tag auf einem gepolsterten Stuhl neben ihm, nachts schlief sie in seinem Bett. Aber auch die Hündinnen, die gerade nicht diese bevorzugte Position einnahmen, führten ein prächtiges Hundeleben: Sie durften sämtliche Kanapees im Schloss besetzen, überall lagen Lederbälle zum Spielen. Waren sie mit dem König unterwegs, fuhren sie in einer eigenen, sechsspännigen Kutsche unter der Aufsicht eines eigens dafür abgestellten Lakaien, der sie nicht nur siezen, sondern auch mit »Mademoiselle« ansprechen musste.

Am 29. Dezember 1751 starb Graf von Rothenburg, Friedrichs Freund, der ihm Biche geschenkt hatte. Auf den Tag genau ein Jahr später starb auch Biche. Vergeblich hatte Friedrich seine kranke Lieblingshündin zuvor von zehn »nutzlosen Doktoren« behandeln lassen. Seine Hilflosigkeit machte ihn so wütend, dass er sich daraufhin selbst die Grundlagen der Hundemedizin beibrachte, um seinen Tieren in Zukunft eigenhändig helfen zu können – dazu gehörten auch leicht quacksalberisch anmutende Maßnahmen wie ausgedehnte Molkekuren.

Friedrich traf Biches Tod schwer. Er schrieb an Wilhelmine: »Ich war beschämt, dass der Tod eines Hundes mir so nahegeht, aber das häusliche Leben, das ich führe, und die Treue des armen Tieres hat es

mir ans Herz wachsen lassen. Soll man hart sein? Soll
man fühllos sein? Ich glaube, ein Mensch, der gegen
ein treues Tier gleichgültig sein kann, wird gegen sei-
nesgleichen nicht dankbarer sein, und wenn man vor
die Wahl gestellt wird, ist es besser zu empfinden, als
hart zu sein.«

Biches Tod war für ihn der nötige Schubs, sich mit
seiner eigenen Vergänglichkeit zu beschäftigen. Wenige Tage, nachdem sie gestorben war, schrieb er sein
Testament: ohne Pomp, ohne Prunk und ohne jeden
zeremoniellen Schnörkel solle man ihn bestatten, im
Schein einer Laterne, auf Sanssouci, »ganz schlicht
auf der Höhe der Terrasse, rechter Hand, wenn man
hinaufsteigt, in einer Gruft, die ich mir habe her-
richten lassen«. Dort hatte er schon seine bereits verstorbenen Hunde beisetzen lassen, zumindest elf von
ihnen. Fast zu akkurat liegen ihre Grabplatten dort
heute noch, in zwei Reihen, ein Standstein für jeden
Hund, zu preußisch-geordnet und hart für diese weichen, zarten Hunde. Man kann nicht mehr alle Namen entziffern. Thisbe liegt da, die er für »verzau-
bert« hielt: »Wenn ich nachts nicht schlafen konnte,
lag sie neben mir und sah mich ganz sonderbar an –
wie ein guter Mensch.« Dann Alkmene, die starb, als
Friedrich 1775 zur Truppenmusterung in Schlesien

war. Schon bei seiner Abreise hatte er geahnt, dass er seine altersschwache Hündin nicht wiedersehen würde, und schrieb an seinen Bruder Heinrich: »Ich habe einen häuslichen Kummer, mein armer Hund wird sterben, und, um mich zu trösten sage ich mir, da der Tod auch gekrönte Häupter nicht verschont, kann meine arme Alkmène kein besseres Los erwarten.« Als Friedrich mitten im Manöver die Nachricht von ihrem Tod erreichte, brach er seinen Aufenthalt sofort ab und machte sich auf den Rückweg nach Sanssouci. Dort ließ er die schon beerdigte Hündin wieder ausgraben, wie alle anderen Hunde vor ihr wurde sie in einem Sarg im Bibliothekssaal aufgebahrt. Friedrich kam, riss den Sarg auf, nahm den toten Hund in seine Arme und küsste ihn.

Als er selbst starb, war Superbe bei ihm, eine weitere Favoritenhündin. Sie lag neben seinem Bett, auf ihrem Stuhl, und seine letzten bewussten Worte galten seinem Hund, von dem er fürchtete, es könne ihn frösteln: »Deckt sie mit einem Kissen zu.« Später soll er noch, schon kaum vernehmbar, auf Französisch gemurmelt haben: »Wir sind über den Berg, es wird uns besser gehen.«

Sein Nachfolger Friedrich Wilhelm II. ließ ihn – entgegen seinem ausdrücklichen Wunsch – an der

Seite seines Vaters, des Soldatenkönigs, in der Garnisonskirche in Potsdam beisetzen. 1945 exhumierte man seine Gebeine, um sie vor der anrückenden russischen Armee in einem Salzbergwerk zu verstecken, nach Kriegsende wurde Friedrich II. in die Elisabethkirche in Marburg, dann ins Schloss Hohenzollern verlegt. Erst 1991, 205 Jahre nach seinem Tod, kehrte er zu seinen Hunden zurück.

»Quand je serai là, je serai sans souci«, soll er einmal gesagt haben: Wenn er einmal da sei, so sei er ohne Sorgen. Das ist das Geheimnis hinter dem Namen seines Schlosses: Dass mit diesem Glücksort nicht die königliche Residenz, sondern die Gruft gemeint ist. Und der Platz neben Biche, Alkmene und Superbe.

RICHARD
WAGNER

Irgendwann, es wird eine besonders finstere, mondlose Nacht sein, werde ich mit einem Tanklaster voller weißer Farbe in die Stadt Bayreuth einfahren und Russ rächen. Ich werde all den schwarzen, knapp oberschenkelhohen Plastikhunden, die man angeblich nach seinem Abbild angefertigt hat und die überall in der Stadt aus Wagnerkitsch-PR-Gründen herumstehen, weiße Brustlätze auf den einheitlich schwarzen Kunststoff malen. Denn wenn schon Dogsploitation, dann doch bitte historisch akkurat.

Richard Wagners übergroße Hundeliebe wird von weiten Teilen der Wagner-

RUSS

forschung immer noch so zögerlich behandelt, als könnte man sich dabei lästige Flöhe einfangen. Als ich im Gebüsch von Tribschen herumschlich, Wagners zeitweiligem Zufluchtsort am Vierwaldstätter See, um vielleicht das Grab von Kos zu finden, dem dort verstorbenen Zwergpinscher, und dann zerzaust an der Information des heute im Haus untergebrachten Wagnermuseums nachfragte, wo man den Armen denn beigesetzt hätte, hatte man dort noch nie von ihm gehört. Ich schaute mir dann zum Trost die Hundepeitsche an, die im Museum hinter Glas gerahmt hängt, und die Wagner als Züchtigungsaccessoire dazubekam, als man ihm seinen Neufundländer Russ schenkte. Sie sah nagelneu aus, ich hoffte sehr, er hat sie niemals benutzt.

Das Richard-Wagner-Archiv in Bayreuth schreibt dafür prompt, aber ebenfalls mit abschlägiger Nachricht zurück: Nein, mehr Hundebilder von Wagners Meute als die Handvoll hinlänglich bekannter Abbildungen habe man auch nicht in den Unverrottbarkeitstresoren eingelagert. Im Bayreuther Museum bewahrt man Wagners Dessertlöffel zwar unter einer zeremoniellen Glaskuppel auf, aber ich muss die Augen so weit es geht zusammenkneifen, um auf einem sowieso schon sehr kleinen Familienfoto den noch winzigeren Hund Marke zu erkennen, die einzige Mikro-Hundereferenz im ganzen Haus. Auch Nike Wagner, die Urenkelin des Großkomponisten, beklagte 2015 bei ihrer Rede anlässlich der Wiedereröffnung des Bayreuther Museums, was denn eigentlich mit den restlichen Hundegräbern passiert sei, die früher gut erkennbar im Garten der Villa Wahnfried gelegen hätten? Plattgemacht, weil offenbar egal ist, wo der Hund begraben liegt, solange es sich nicht um Russ, den souvenirtauglichen, fix plastinierten, handelt. Dessen Grab immerhin ist noch da, in Leckerli-Zuwurfweite von Wagners Gruft, auch das von Marke, ein kleines Stück weiter entfernt. Allerdings rannten da noch diverse andere Neufundländer durch den Garten der Villa und richteten so viel pfauenrupfende Verheerung an, dass König Ludwig II. persönlich einschreiten musste. Immerhin gibt es ein schönes Buch – »Richard Wagners Hunde« von Franziska Polanski – mit einer sehr nützlichen Tabelle, in der man immer wieder nachschauen kann, welche Hunde und welche Großkomposition ihn zur selben Zeit auf Trab hielten. Dass er gerade die Oper »Rienzi« komponierte, als er die beiden Pudel mit den allerbesten Pudelnamen Dreck und Speck beherbergte, ist ein Detail, von dem ich fest glaube, dass mir das Wissen darum irgendwann im Leben noch nützlich sein wird, genauso wie das lindgrüne Schaumstoffgehirn zum Aufsetzen, das ich mir mal in einem schwachen Moment in einem Ramschladen kaufte.

Richard Wagner war ein Hundemagnet – die wenigsten seiner Tiere hat er gekauft, das fand er ausgesprochen unpassend, weil man für Freundschaft schließlich nicht bezahlen kann. Stattdessen kamen die Hunde zu ihm, egal, wem sie irgendwann eigentlich mal gehörten, und beschlossen dann, zu bleiben. Sie beeinflussten seine Kompositionen – ohne Robber hätte es den »Fliegenden Holländer« nie gegeben, ohne Peps' Wedelschwanz hätte er noch ewig darüber nachgedacht, welche Tonarten am besten zu welcher Art von Gefühlstumult passen. Nicht alle seine Hunde waren geeignete Komponierkumpel, er sah wie ein talentierter Berufsberater bei jedem einzelnen, welches spezielle Talent in ihm steckte: Einer war sein »Söhnlein«, ein völlig offensichtlicher Kinderersatz, ein anderer ein intuitiver Paarberater, der sichtbar machte, dass die Ehe mit Minna zu Ende ging, der nächste ein überschaubar schlauer, aber dafür umso leidenschaftlicher Familienbär. Wagner ließ jedem seine Individualität, vielleicht mochten die Hunde ihn deshalb so gern.

Als Kind waren seine Tierfreundschaften allerdings traumatisch: Sein erster eigener Hund fiel in Leipzig aus dem Fenster und starb, dann fischte der kleine Richard einen Sack voll Welpen aus dem Wasser, die ertränkt werden sollten, und durfte sie doch nicht behalten. Erst als er erwachsen war, hatte er eigene Hunde. Neben den schon erwähnten Pudeln Dreck und Speck gab es auch Rüpel, der den Musikdirektor in Magdeburg jeden Abend an der Theaterpforte abholte. Als er Kapellmeister in Riga wurde, hatten Richard und Minna eine aberwitzig dumme Idee, was die Haustierfrage angeht: »Da unsre Ehe stets kinderlos blieb und für gewöhnlich die Pflege eines Hundes für die Belebung des häuslichen Herdes herbeigezogen werden musste, verfielen wir diesmal sogar auf den exzentrischen Gedanken, es einmal mit einem jungen Wolfe zu versuchen, welcher uns als Säugling in das Haus gebracht worden war«, schreibt Wagner in »Mein Leben« – allerdings befanden beide dann doch recht schnell, dass »dieser Versuch die Gemütlichkeit unsres häuslichen Lebens nicht vermehrte«, und der Wolf wurde wieder abgeschafft.

Dafür lief Wagner bald Robber zu, eine Art Neufundländer, der eigentlich einem örtlichen Kaufmann gehörte, ihm aber bis in den Orchestergraben hinterherlief, was bei einem solch massigen Klops – heute werden Neufundländerrüden im Schnitt knapp 70 Kilo schwer – ein eindrucksvoller Einmarsch gewesen sein dürfte. Wagner war bald enttäuscht von den begrenzten Möglichkeiten, die sich ihm in Riga boten, er wollte nach Paris. Doch leider war sein Pass von diversen Gläubigern beschlagnahmt worden, denen er noch Geld schuldete. Also beschloss er, mit Minna zu fliehen, und weil nichts eine Flucht unauffälliger macht als ein mitzuschleppender Riesenhund, musste natürlich auch Robber mit. In »Mein Leben« schreibt Wagner, landschaftlich sei sein rigaischer Abgang eigentlich ganz schön gewesen, wäre da nicht die »quälende Belästigung« durch Robber gewesen, der nicht in die Kutsche passte: »Zu meiner wachsenden Pein musste ich das so stark bepelzte nordische Tier in glühendster Sonnenhitze tagelang neben dem Wagen herlaufen sehen, bis ich, durch das Mitgefühl für seine Erschöpfung auf das äußerste gebracht, endlich auf die ingeniösesten Einfälle geriet, im vollbesetzten Wagen den großen Hund doch noch so unterzubringen, dass er darin aushielt.« Wie genau er ihn doch noch in die Droschke quetschte, erzählt er dann leider nicht, dabei wäre das auch nützlich für alle Leser, die demnächst mit einem jugendlichen Eisbären verreisen wollen, und zwar umweltfreundlich mit der Bahn, und ihn irgendwie noch mit ins Familienabteil puzzeln müssen.

An der russisch-preußischen Grenze nutzten Richard, Minna und Robber den kleinen Moment, als die Wachen bei ihrer Ablösung unaufmerksam waren, um das Land zu verlassen. Dann änderten sie die geplante Route und reisten vom preußischen Hafen Pillau auf einem Segelschiff weiter nach London: »Der Grund hiervon war hauptsächlich die Rücksicht auf die Begleitung unseres Hundes, welcher so am leichtesten mitzuführen war.« Unbemerkt von der Hafenwache wurde Robber wie ein kleiner Container die steile Schiffswand hinaufgezogen und in einem der unteren Räume versteckt. Sie hatten Kopenhagen gerade hinter sich gelassen und segelten durch das Kattegat, als sie in einen heftigen Sturm gerieten. 24 Stunden waren sie zu dritt in der winzigen Kajüte des Kapitäns eingepfercht, und es kam zu Szenen, die man gedanklich dringend mit der Klamaukmelodie aus der Benny-Hill-Show unterlegen muss: In der Kajüte lagerte nämlich auch das Branntweinfass, aus dem das ganze Schiff verköstigt wurde, und zwar unter der Bank, auf der sich Wagner ausgestreckt hatte. Regelmäßig kam nun ein Matrose namens Koske herein, um sich während des Unwetters mit ein paar Schlucken Schnaps bei Laune zu halten, und weil Robber jede Fassanzapfung als Angriff auf seinen geliebten Freund witterte, der da so wehrlos herumlag, musste Koske, wie Wagner kaum melodramatisch schreibt, jedes Mal »einen Kampf auf Leben und Tod« mit Robber ringen.

Schließlich war der Sturm überstanden, das Schiff landete an einem norwegischen Fjord, und Wagner bekam als Bonus für die überstandene Höllenüberfahrt eine künstlerische Inspiration eingeflüstert: »Ein unsägliches Wohlgefühl erfasste mich, als das Echo der ungeheuren Granitwände den Schiffsruf der Mannschaft zurückgab, unter welchem diese den Anker warf und die Segel aufhisst. Der kurze Rhythmus dieses Rufes haftet in mir wie eine kräftig tröstende Vorbedeutung und gestaltete sich bald zu dem Thema des Matrosen-Lieds in meinem ›Fliegenden Holländer‹, dessen Idee ich damals schon mit mir herumtrug und die nun unter den soeben gewonnenen Eindrücken eine bestimmte poetisch-musikalische Farbe gewann.« Ohne Robber, den Kutschen-unkompatiblen Riesenhund, hätte Wagner diese Gesänge nie gehört. Sein Kollege Chopin ließ sich übrigens ebenfalls von einem Hund zu einem seiner berühmtesten Stücke inspirieren: Sein »Minutenwalzer« sollte eigentlich »Valse du Petit Chien«, »Schoßhund-Walzer« also, heißen, weil er sich von Marquis, dem kleinen Hund seiner Freundin George Sand, zu der hektisch-trippeligen Melodie inspirieren ließ, als er ihm dabei zuschaute, wie der Hund seinem eigenen Schwanz nachjagte.

Auf der Weiterfahrt nach London gab es noch einen zweiten schlimmen Sturm mit Windstärke 12 zu überstehen – das Ehepaar Wagner band sich pragmatisch-romantisch zwischenzeitlich mit Tüchern aneinander, um zumindest gemeinsam zu sterben –, dann kamen alle wohlbehalten in London an. Robber wurde dieses Mal in der Droschke zur Unterkunft transportiert, indem man ihn einfach quer durch die Wagenfenster schob und die Beine hinausbaumeln ließ. Mit dem Dampfschiff ging es dann weiter nach Frankreich. In Paris verschwand Robber schließlich ganz plötzlich und bis heute ungeklärt. Entweder wurde er gestohlen, oder er hatte einen Anschlussjob bei einem anderen kreativen Menschen, mit dem er als Pelzmuse auf die nächste unbequeme Reise gehen musste, damit diesem dann vielleicht endlich das Motiv für das nächste Gemälde oder Gedicht einfiele. Der auf Robber folgende Hund war äußerlich sein genaues Gegenteil: Peps, genannt Pepsel, Striezel oder Strampel, war ein Zwergspaniel und ein Geschenk von Wagners Dresdener Hauswirtin, deren Hündin Welpen bekam. Peps war dabei, als Wagner zum Königlich-Sächsischen Hofkapellmeister aufstieg. Und wieder abstürzte, weil er nach seiner Beteiligung am Dresdner Maiaufstand steckbrieflich gesucht wurde und in die Schweiz fliehen musste. Wagners Liebe zu Peps ging so weit, dass er ihn in Briefen an Minna als »Söhnlein« und sich selbst als »Vater des Peps« bezeichnete.

Ich finde es eher unangenehm, wenn Menschen so tun, als wären Hunde ihre leiblichen Kinder. Einmal musste ich eine Hundetrainerin konsultieren, als Juri ein schlimmes Silvesterböllertrauma hatte und von mir zu jedem Gassigang aus dem Haus getragen werden musste. Er wiegt zwar höchstens ein Drittel von Robber, hat dafür aber lange Staksebeine, die er stocksteif von sich streckte, wenn ich ihn hochhob – es war logistisch gesehen keine Dauerlösung. Die Trainerin kam zum Hausbesuch und bezeichnete mich penetrant als Juris »Mutti«, mir wurde immer unbehaglicher, und ich konnte mich schlecht auf ihre Ausführungen konzentrieren, weil ich mir immerzu den dann ja zwangsläufig damit verbundenen, anatomisch herausfordernden Geburtsvorgang vorstellen musste, Stichwort: Staksebeine.

Noch aber waren Richard, Minna und Peps in Dresden, Wagner arbeitete am »Tannhäuser« und am »Lohengrin«, und sein kleiner Hund lag, während er komponierte, auf einem Sessel neben ihm. Angeblich reagierte Peps sehr sensibel auf bestimmte Tonarten. Bei Es-Dur soll er froh mit dem Schwanz gewedelt haben, bei E-Dur sprang er aufgeregt herum, was Wagner sehr genau beobachtete, und weshalb er im »Tannhäuser« Es-Dur einsetzte, wenn es um hehre Liebe und Erlösung geht, aber E-Dur, wenn Körperlichkeiten und Ausschweifungen untermalt werden sollen. Peps war zeitweise der Einzige, den Wagner in seinem Arbeitszimmer duldete, manchmal durfte noch Papagei Papo auf dem Schreibtisch landen, der sonst unter fortwährendem »Richard, Richard!«-Gekreisch durch das Haus flog und ihn suchte. Wie bei dem kurzzeitig angeschafften Wölfchen war Wagner auch bei Peps und Papo klar, welche Rolle sie im Wagner'schen Haushalt einnahmen: »Diese Tiere vertraten offenbar die fehlenden Kinder, und dass auch meine Frau ein fast leidenschaftliches Wohlwollen für sie empfand, bildete ein nicht unergiebiges Band des Einvernehmens zwischen uns.« Als sein Freund Friedrich Liszt zu Besuch kam, bezeichnete Wagner ihn im Überschwang als »Doppel-Peps«. Der Zwergspaniel ehrenhalber verstand das Kompliment, das darin steckte, und unterschrieb in Zukunft seine Briefe an Wagner mit diesem Ehrentitel.

Als sich Wagner nach dem Maiaufstand 1849 zunächst nach Paris absetzen musste, schrieb er Minna, die mit den Tieren in Dresden geblieben war, herzzerreißende Vermissungsbriefe, die allerdings vor allem an Peps gerichtet waren:

»Grüße die Freunde, und vor Allem den Peps, denn der ist von allen männlichen Geschöpfen mein bester Freund.«

»Wie befindet sich Peps? Was studiert Papo? Das muss ich Alles wissen, denn das sind Dinge von Wichtigkeit.«

»Grüße Peps und Papo, und sage ihnen, dass ich sie nun sobald nicht wieder verlasse, gewiss nicht; die Trennung ist zu unerträglich!«

»Ach, der alte, gute Peps. Hüte nur seine Augen recht! – Ach, noch zwei Monate! Ach! Ach! Ach! Das gute Richel, das!«

Und er berichtete Minna stolz von seinem Besuch bei der hundenärrischen Queen Victoria in London, die ihn zuallererst gefragt habe, wie es Peps denn gehe.

1855 wurde Peps krank, er hatte öfter Krampfanfälle, manchmal auch Lähmungserscheinungen in den Beinen. Wagner, der mit Frau und Tieren immer noch in Zürich im Exil lebte, ruderte eine Stunde über den Zürichsee, um bei einem befreundeten Arzt etwas Blausäure zu kaufen, mit dem er Peps Leiden beenden wollte, wenn es zu schlimm würde. An seine Förderin Mathilde Wesendonck schrieb er, als es dem Hündchen immer übler geht: »Es ist mir unmöglich, das arme Tier im Sterben zu verlassen. Sind Sie uns böse, wenn wir Sie bitten, heute ohne uns zu speisen? – Gewiss lachen Sie mich nicht aus, wenn ich weine?« Nachts wurde er vom heftigen Stöhnen des Tierchens geweckt, das neben ihm schlief, dann ging es auch ohne Blausäure ganz schnell. In sein Tagebuch schrieb Wagner am nächsten Morgen: »Peps hinfällig; schwere Agonie, ergreifende Anhänglichkeit. Stirbt 10. Juli, früh 1 Uhr 10 Min. – Begräbnis in Frau Stockar-Eschar's Gärtchen.« Seinen großen Kummer über den Verlust des kleinen Hundes versteckte er nicht, sondern schrieb einem Freund: »Unaufhörlich muss ich weinen, und habe um den lieben, dreizehnjährigen Freund, der stets mit mir arbeitete und spazieren ging, eine Trauer und einen Schmerz empfunden, der mich deutlich darüber belehrt hat – dass die Welt in unserem Herzen und unserer Anschauung existiert.« Ja, er hatte inzwischen auch Schopenhauer gelesen, und die beiden teilten, obwohl unterschiedlich exaltiert, in jedem Fall ihre Liebe zu den Tieren.

Denn auch schon der Tod von Papo hatte Wagner schwer mitgenommen, wie er in einem anderen Brief schrieb: »Es ist mir ganz gleichgültig, ob man mich darüber auslacht. Was ich empfinde, das empfinde ich nun einmal, und ich habe nicht mehr Lust, meinen Empfindungen zwang anzutun; allerdings müsste ich denen, die mich auslachen könnten, *Bücher* darüber schreiben, um ihnen begreiflich zu machen – was einem Menschen, der mit allem nur auf die Phantasie angewiesen ist, solch ein kleines Geschöpf sein und werden kann.«

Zum Trost schenkte Mathilde Wesendonck ihm kurz darauf einen kleinen Wachtelhund, der in Anlehnung an seinen verstorbenen Vorgänger Fips genannt wird. Wagner hätte seine Hunde niemals schnöde durchnummeriert, wie es Churchill mit seinen Pudeln tat, zu sehr respektierte er sie als völlig eigenständige Wesen. Der kleine Hund kommt allerdings mit reichlich unterschwelligem Subtext bei Wagner an, denn zwischen Mathilde Wesendonck und Richard Wagner war eine enge Freundschaft entstanden, seit ihr Mann dem Komponisten gestattet hatte, vorläufig in seinem Gartenhaus unterzukommen. Das Verhältnis zu Minna war längst angespannt, weil sie das zeitweilig höchst prekäre Leben, sein selbstherrliches Brausen, die Vermischung von Kunst und Wirklichkeit kaum mehr ertrug. Fips, den Minna und Richard beide liebten, war ein Sinnbild für den Restkitt, der beide noch verband, aber ein kleiner Hund hat eben auch nur begrenzte Kräfte.

Noch aber tat Wagner, als ob nichts wäre. Nahm Fips mit zur Kur nach Frankreich, schrieb launige Briefe, in denen er Minna berichtete, wie ihn beim gemeinsamen Morgengassi »im Freien eine Nothdurft ankam«, der er dann in einem Gebüsch nachgegeben hatte, und dass Fips ihn mit lautem Gebell alarmierte, als sich jemand näherte. Im Sommer 1858 fing Minna einen missverständlichen Brief ihres Mannes an Mathilde ab, sie unterstellte beiden ein Verhältnis, es kam zum Riesenkrach und zur Trennung. Wagner reiste nach Venedig ab, um dort weiter an der Oper »Tristan und Isolde« zu arbeiten, Minna ging mit Fips und Jaquot, dem neuen Papagei, zurück nach Deutschland. Und Wagner schmachtete wieder einmal postalisch seinem Haustier hinterher. Minna antwortete: »Es war mir lieb in deinem Brief zu sehen, dass du das Hündchen vermissest, es ist doch noch ein Funke von Gefühl für uns arme Geschöpfe zurückgeblieben in dir.« Er schrieb zurück, dass sie fest davon ausgehen könne, dass er spätestens im nächsten Sommer wieder bei ihr wäre – »eben deshalb schaffe ich mir auch kein Hundchen an, damit sich Fips dann nicht grämt«. Der Hund als Beziehungsbarometer.

Als Fips nach einem Spaziergang überraschend starb – entweder durch Gift oder einen Zusammenstoß mit einem Wagenrad, bei dem er sich innerliche Verletzungen zuzog –, war für Wagner auch die Ehe am Ende. In »Mein Leben« schreibt er: »Die Haustiere hatten in unsrem kinderlosen Zusammenleben eine sehr wichtige Bedeutung gewonnen; der jähe Tod dieses so muntren und liebenswürdigen Tieres trat wie ein letzter Riss in ein längst unmöglich gewordenes Zusammenleben ein.«

Wagner war allein, aber er traf ständig Hunde, mit denen er sich anfreundet. Zum Beispiel Leo, die Bulldogge, der seinem Vermieter im hessischen Biebrich gehörte, wo Wagner sich 1862 einmietete, um »Die Meistersinger von Nürnberg« zu schreiben, und der in üblen Umständen an der Kette gehalten wurde. Wagner schrieb seinem Hauswirt mehrere Briefe, in denen er ihn aufforderte, den Hund besser zu behandeln; als er ihm einmal selbst das Ungeziefer vom Kopf klauben wollte, biss Leo ihn so heftig in die Hand, dass er seine Arbeit an den »Meistersingern« zwei Monate ruhen lassen musste. Wagner nahm Leo seinen Biss nicht übel – als er Biebrich längst wieder verlassen hatte und kurzzeitig nach Österreich gezogen war (wieder einmal auf der Flucht vor Gläubigern), schickte er dem Hund einen Teppich zum Schutz gegen frostiges Wetter.

In Wien traf Wagner den Jagdhund Pohl – wieder einmal ein Vermieterhund, der lieber zu Wagner gehören wollte. Minna und Pohl starben 1866 in derselben Woche, und weil Wagner unterwegs war, verpasste er beide Begräbnisse. Als er eine Woche später nach Hause kam, ließ er Pohl sofort exhumieren, baute ihm einen Sarg, polsterte ihn mit Heu und einer Pelzdecke aus und ließ ihm einen Grabstein meißeln. Man kann mutmaßen, ob er mit diesem umfangreichen Bestattungsritual auch die Schuldgefühle gegenüber seiner Frau Minna begrub. Ihr Grab hat er niemals besucht.

1866 kam schließlich Russ in sein Leben, der Posterdog unter den Wagnerhunden. Mit vollem Namen hieß er Russumuck und war ein Neufundländer, wie Robber. Wagner bekam ihn von seiner Haushälterin Vreneli Weitmann geschenkt, zum Trost nach dem Tod von Pohl, und eigentlich sollte er nur zur Probe in das schweizerische Asyl in Tribschen einziehen – all die Hunde, die gekommen und wieder gegangen waren, hatten ihm Schmerzen bereitet, und so glaubte er zum ersten Mal, noch nicht bereit zu sein für ein neues Tier. Russ lag also im Erdgeschoss – vielleicht genau an der Stelle, an der bei meinem Besuch die Frau saß, die Kos nicht kannte und mir stattdessen von Russ erzählen wollte – Wagner sagte ihm ein paar freundliche Worte, und Russ wedelte. »Dies bewegte mich seltsam, fast schmerzlich«, schreibt Wagner, »[s]ogleich gab ich Auftrag, den Hund fortzuschaffen.« Weil er wusste, dass er ihn nicht mehr weggeben würde, wenn er noch eine Nacht bei ihm blieb. Also wurde der Hund zu seinem Vorbesitzer zurückgebracht, aber Wagner sprach in den nächsten Tagen so oft von ihm, dass Vreneli ihn schließlich einfach zurückholte. In aller Ausführlichkeit schilderte Wagner dieses Hin und Her mit doch höchst absehbarem Ausgang in einem Brief an König Ludwig II.: »Verzeihung, geliebter Freund, wenn ich Sie so breit von meinem Hauswesen unterhalte: es ist wandernd und flüchtig, meine einzige Heimat« – mit »Hauswesen« meint er, das ist inzwischen klar, seine Hunde.

Russ lernte in Tribschen viele wichtige Menschen kennen. Natürlich Cosima, die 1867 nach Jahren unerfüllter Liebesschmacht schließlich doch für Wagner ihren Mann Hans von Bülow verließ und zu ihm nach Tribschen zog. Tatsächlich traf Russ auch den König, aber auch Friedrich Nietzsche (mit dem Wagner später in einem Brief ausführlich über angemessene Hundepreise diskutierte: Was darf ein Bernhardiner kosten? Endlich erörtern die großen Köpfe mal die wirklich relevanten Fragen). Und er machte Bekanntschaft mit Kos, dem kleinen Pinscher von Cosima, die zuerst nur öfter zu Besuch kam und dann blieb. Fast wäre Wagner verunglückt, als er Kos vor einem heranrauschenden Zug von den Gleisen rettete. Die Namensähnlichkeit mit Cosima ist kein Zufall: Sie gab ihrem Hund bewusst diesen Namen, damit niemand auf die Idee käme, ihren eigenen Namen zu dieser Schmuseform zu verkürzen.

Auch für Russ wollte Wagner einmal ohne zu zögern sein Leben aufs Spiel setzen: Bei einem Dampfschiffsausflug auf dem Vierwaldstätter See ging Russ unbemerkt über Bord, Wagner setzte schon an, ihm nachzuspringen und dabei zu riskieren, in die Schiffsschraube zu geraten. Im letzten Moment tauchte Russ doch selbstständig wieder auf. »Schluchzend empfängt ihn R.«, notierte Cosima in ihr Tagebuch.

Die Jahre mit Russ waren glücklich. 1872 übersiedelten Richard und Cosima nach Bayreuth. Russ erlebte den Bau des Festspielhauses und lief gern neben Wagners Wagen her, wenn der hoch zum grünen Hügel fuhr, um die Baustelle zu besichtigen. Über seine Studienzeit schrieb Wagner in »Mein Leben«, er habe im Grunde keine Freunde und wünschte sich doch nur jemanden, »der mich bei meinen Ausflügen begleitete und welchem ich nach Herzenslust mein Innerstes ausschütten konnte, ohne darauf zu achten, was davon auf ihn überging«. Da von den Menschen, bei denen er das probierte, aber nie etwas Interessantes zurückkam, und er sie allesamt schläfrig und uninspiriert fand, verlegte er sich im Alter womöglich darauf, diese Freundschaft in seinem Hund zu suchen. Russ war dabei, als gute Dinge passierten, ein stabiler Hund für stabile Zeiten: Die Villa Wahnfried wurde gebaut, die Kinder Eva und Siegfried kamen auf die Welt. Und Russ sorgte dafür, dass ihnen nichts Schlimmes zustieß, er wurde ihr Beschützer, der Eva einmal gerade noch rechzeitig aus dem Wasser zog. Auch Wagner selbst wurde von ihm möglicherweise

vor einem frostigen Tod im Eiswasser bewahrt: Er
hatte seine Kindern zum Schlittschuhlaufen begleitet und wollte es dann auch selbst einmal versuchen.
Russ hielt das für eine schlechte Idee und zerrte so
lang an den Schuhen, bis Wagner sie wieder auszog.
Das hat fast schon Lassie-Qualität.

Russ starb in der Nacht zum 2. Mai 1875 unbemerkt und allein im Park der Villa Wahnfried. Erst
am Morgen wurde er gefunden. Wahrscheinlich hatte
er sich am Vortag übernommen, als er wieder einmal
neben Wagners Wagen durch Bayreuth trabte. »Lun-
genschlag«, notierte sein Herrchen, der ihm gerade
erst eine Hündin bestellt hatte, die in den nächsten
Tagen eintreffen würde, weil er mit Russ eine eigene
Neufundländerzucht starten wollte. Wagner verschob
seine Reise nach Wien, wo er ein Konzert geben
sollte, um seinen Freund zu begraben. Er legte ihn an
der Stelle in die Erde, wo er auch seine eigene letzte
Ruhestätte vorgesehen hatte, im Garten von Wahnfried, in jenem Teil, auf den ganz automatisch sein
Blick fiel, wenn er im Salon an seinem Flügel saß und
komponierte.

Es ist schwer zu sagen, welcher seiner Hunde Wagner am nächsten war. Waren es jene, die ihn durch
wilde, schwere Zeiten begleiteten, oder doch Russ,

mit dem er schließlich ankam, und mit dem er sich am Ende auch ganz final hinlegen wollte? »Hier ruht und wacht Wagners Russ«, steht auf dem Hunde-Grabstein am Kopfende von Wagners eigenem Grab, zur Festspielzeit sollen überwältigte Wagnerianer auch schon einmal Leckerli auf dem Stein abgelegt haben, mit einer handschriftlichen Notiz, weiter gut auf »den Meister« aufzupassen.

Kurz nach Russ' Begräbnis wurde Wagner von einem Pfarrer ermahnt, dass er seine eigene Grabstätte damit entweiht habe. Wagner schäumte: »Warum soll ein Mann im Jenseits auf einen treuen Gefährten verzichten?« Es sei doch absurd zu behaupten, dass Tiere aus dem Nichts geschaffen und nach dem Tod wieder darin versinken würden, während Menschen, die ebenfalls aus dem Nichts entstehen, nach dem Leben exklusiv als unsterbliche Seele weiterleben sollen.

Bald nach Russ' Tod kam schließlich Brange in Wahnfried an, die bestellte Hündin, dazu ein Rüde namens Marco, der schnell in Marke umgetauft wurde, und der anstelle von Russ nun die Wagner'sche Neufundländer-Dynastie begründete.

Im September 1882 fuhr Wagner zur Erholung nach Italien, er verabschiedete sich von Marke und ahnte, dass die beiden sich nicht wiedersehen würden:

»Ich fürchte, ich werde nicht mehr zurückkommen und dich sehen können. Sei treu und tapfer«, sagte er dem Hund zum Abschied. Am 13. Februar 1883 starb Wagner in Venedig, drei Tage später wurde er mit der Bahn nach Bayreuth überführt. Bei der Beerdigung lief Marke mit im Trauerzug, bald darauf starb er selbst. Russ passt auf Wagner auf, Marke auf die Villa, so haben die Grabsteine die Rollen verteilt: »Hier ruht Wahnfrieds treuer Wächter und Freund, der gute schöne Marke.«

PEGGY GUGGENHEIM

Ich sitze auf einer Bank in Venedig und schaue zu, wie Menschen zu Butter werden. Die Bank steht im Garten der Peggy-Guggenheim-Collection, dem berühmten Museum für moderne Kunst, und zwar schräg vor dem Grab seiner Gründerin. Seit einer Stunde sitze ich hier und betrachte genervte Schwitzbären – es ist nicht die beste Idee, Venedig im August zu besuchen, wenn die Stadt glüht und überläuft vor Menschen –, die sich in gerührte Weichwesen verwandeln. Sie machen ein paar Schritte vom überfüllten Museum in den Innenhof, gehen vorbei am berühmten Steinthron, auf

KACHINA

dem die große Kunstsammlerin auf diversen ikonischen Fotos sitzt, und werden dann davon überrascht, plötzlich vor dem Grab zu stehen, als habe ihnen jemand eine kühle Hand in den Nacken gelegt. »Here rests Peggy Guggenheim«, steht auf einer schlichten Steintafel an der Gartenmauer. Und dann lesen sie, was auf einer zweiten Tafel daneben steht, und fast alle machen dabei unwillkürlich ein kleines Ooh- oder Aah-Wimmergeräusch: »Here lie my beloved babys«, darunter eine säuberliche Liste von 14 Namen, die gut zu kleinen Hunden passen.

Für Peggy – eigentlich Marguerite – Guggenheim, geboren 1898 in eine der reichsten Familien der USA, war Sammeln die Lebensstrategie: Kunst, Männer und Hunde waren dabei ihre Disziplinen. Das fand man zu ihren Lebzeiten exzentrisch und tut es immer noch, aber ernsthaft betrachtet ist das auch nicht eigentümlicher, als hobbymäßig Bierdeckel, Reliquien oder Flugzeugkotztüten zu sammeln. Ich selbst sammele etwas, das zumindest zwei von Peggy Guggenheims Anhäufe-Interessen vereint – Hundekunst, genauer gesagt: Zeichnungen von Hunden, angefertigt von berühmten Menschen. Außer dem schon erwähnten rauchenden Houellebecq-Hund besitze ich zum Beispiel Werke des Rammstein-Sängers Till Lindemann und ein zartes Kuli-Gekrickel vom ewigen Absturzpiloten Pete Doherty, mein kuratorischer Schwerpunkt liegt allerdings bei Indiepop-Jüngelchen der späten Neunziger- und frühen Nullerjahre, darunter Coldplay-Schlurch Chris Martin und Blur-Bassist Graham Coxon.

Peggys Vater, den sie sehr liebte, versank mit der Titanic, als sie 14 Jahre alt war, sie erfuhr, dass er wohl in Begleitung seiner Geliebten war, was den aberwitzigen Schmerz noch brennender machte. Also rettete sie sich in die Dingwelt, die man relativ gefahrlos und ohne Verlassensangst lieben kann. Sie sammelte kleine Wachsfiguren, begann, sich für Mode zu interessieren – später im Leben würden kühne Kaftane ihr Signature-Look werden. Es gibt aus dieser Zeit ein Bild von ihr und einem Hund, den sie unter den Arm geklemmt trägt wie eine Influencerin ihren obligatorischen Instagram-Zwergspitz, tatsächlich handelte es sich um einen Pekinesen namens Twinkle, der in ihrer Autobiografie mit keinem Wort erwähnt wird, sie würde erst später lernen, Hunde zu lieben, und zwar so unbändig und maßlos, dass sie im letzten Drittel ihres Leben stets von einem kleinen Rudel umgeben sein sollte.

Männer begriff sie dagegen schon früh als Sammelobjekte, als nicht abreißende, in ihrer konkreten personellen Besetzung fast schon abstrakt wirkende Reihe von Affären – man spürt keinen Verlustschmerz, wenn man erst gar nicht vorhat, etwas zu behalten. Dafür hatte Peggy die Kunst, die bei ihr blieb, wenn die dazugehörigen Männer wieder aus ihrem Bett verschwunden waren, wie die bauchige, goldglänzende Skulptur »Bird in Space« von Constantin Brancusi oder die Ohrringe von Yves Tanguy, für die er Muscheln mit winzigen surrealen Szenarien bemalte. Als wilde Wutz des New Yorker Großkapitals trug sie nicht nur eine herausragende Kunst-, sondern auch eine beachtliche Künstlersammlung zusammen. Und das, obwohl sie sich, verglichen mit ihren aberwitzig wohlhabenden Verwandten, eher als arm betrachtete und deshalb nicht einmal wie eine echte Guggenheim fühlte. Nach dem Tod des Vaters entdeckte ihre Mutter, dass er mit unglücklichen Geschäften sehr viel Geld verloren hatte. Und so erbte Peggy mit 21 Jahren nur etwa 2,5 Millionen Dollar, was heute etwa 36,1 Millionen entspräche, und zog damit nach Paris.

Dort traf sie den Maler Laurence Vail, sie heirateten schnell, die beiden Kinder Sindbad und Pegeen wurden geboren, und die Familie zog nach Südfrankreich in eine Ansammlung von Bauernhöfen, kaum ein Dorf, ohne elektrischen Strom. Der Briefträger kam jeden

Tag mit dem Fahrrad. »Ich fand es erstaunlich, dass er uns die Post brachte, weil unsere wilde Schäferhündin alle uniformierten Leute ansprang und biss«, schreibt Guggenheim in ihrer Biografie »Confessions of an Art addict«, auf Deutsch: »Ich habe alles gelebt«. Sie hatten Lola angebunden an einem Baum gefunden und behalten, weil sie immerhin sehr freundlich zu allen Leuten war, die keine Uniform trugen. »Außerdem«, schreibt Peggy, »erfüllte sie mir den lang gehegten Wunsch, eine Geburt zu beobachten, und brachte auf unserer Wohnzimmercouch ihre Jungen zur Welt. Von ihrer künftigen Mutterschaft hatte sie nichts geahnt, und ihre Überraschung rührte mich. Ich zwang sie, ihre Babys anzunehmen und zu säugen, drei oder vier behielten wir.« »Drei oder vier«, genau wusste sie nicht mehr, wie viele kleine Viechlein es nun tatsächlich waren. Man kann das als hundeliebender Mensch kaum nachvollziehen, aber Peggys Verhältnis zu Tieren war damals von krustiger Nonchalance: Mit ihren Welpen, schreibt sie, sei Lola über die Nachbarhöfe gerannt, zusammen fraßen die Hunde »zahllose Hühner«. Im Laufe der Zeit sammelte sie noch neun Katzen zusammen, »deren Neugeborene manchmal von den Hunden verschlungen wurden«. Auch Chuto, dem »niedlichen Schwein«, das besonders enge Freundschaft mit dem Gärtner geschlossen hatte und ihm auf Schritt und Tritt folgte, war im Guggenheim'schen Haushalt nicht viel Glück beschieden: »Es war sehr schmerzlich, Chuto schlachten zu lassen und mit anzusehen, wie sich sein Blut in schwarze Würste verwandelte«, schreibt Peggy, und ihre Worte klingen so kalt wie die Nase eines sehr gesunden Hundes. Ihr nächster Freund, der britische Schriftsteller John Holms, würde sie in kosender Absicht später auch tatsächlich »Dog Nose« nennen, sie glaubte aber, der Name sei von der unbestritten recht dominanten Form ihres Riechorgans inspiriert – nach einer missglückten Schönheitsoperation im Alter von 21 Jahren sah ihre Nase tatsächlich so aus, als hätte sie der Gemüsemaler Giuseppe Arcimboldo durch eine Knolle Knoblauch ersetzt.

Lola, das überrascht dann doch, durfte bei Peggy und Laurence mit im Bett schlafen, allerdings musste auch noch Lolas Tochter Lulu auf dem Nachtlager untergebracht werden, weil sie Laurences' Lieblingshund war. Peggy gegenüber wurde er immer häufiger gewalttätig, er schlug sie und drückte sie in der Badewanne lange unter Wasser. 1928 ließen sich die beiden scheiden, und Peggy lernte den Literaturkritiker John Holms kennen. Mit ihm, ihrer Tochter Pegeen – Sindbad blieb bei seinem Vater – und

Lola unternahm sie mit dem Auto einen ausgedehnten Roadtrip durch Nordeuropa. Unterwegs, vermutlich in Trondheim, wurde die Hündin wieder einmal trächtig, die Geburt ging auf der Rückfahrt im voll besetzten Auto vonstatten, schrieb Peggy: »Zwanzig Minuten, bevor wir unser südfranzösisches Heim erreichten, gebar Lola ihr erstes Hündchen im Auto, direkt hinter Johns Nacken. Wir nannten es Trondjen. So sprachen wir Trondheim aus.« Wo die Welpen blieben, ist ungewiss, aber Lola wurde eingepackt, als Peggy und John wieder nach Paris zogen. Allerdings lief sie schon am nächsten Tag beim ersten Gassigang davon und wurde nie mehr gesehen. Monatelang habe sie täglich im Tierheim nachgeschaut, ob man sie womöglich abgegeben hätte, behauptet Peggy; es klingt nur mittelglaubwürdig.

Ihr Schwager Milton, der Mann ihrer Schwester Hazel, schenkte bald Ersatz: Robin kommt in die Familie, ein Sealyham-Terrier. »Wenn auch nicht ganz reinrassig, sah er doch hübsch und lustig aus«, schreibt Peggy über ihn, wie immer, wenn sie in den Memoiren von ihren Tieren spricht, klingt es etwas fröstelig und distanziert. An John Holms aber hatte sie wirklich ihr Herz gehängt, er war nicht nur ein neues Sammelstück, eher als Dauerausstellung geplant. Ganz plötzlich starb er, bei einer kleinen Routine-OP am Handgelenk, er war erst 37 Jahre alt. Mutmaßlich hatte er am Abend zuvor zu viel getrunken und wachte nicht mehr aus der Narkose auf.

Peggy litt sehr. Auch Hund Robin, schreibt sie, nahm der Verlust mit, er wurde schwermütig. Ihr Butler sei manchmal mit ihm ins Kino gegangen, um ihn abzulenken, und zum Trost kaufte sie ihm schließlich zur Gesellschaft eine reinrassige Sealyham-Hündin, über die Peggy nur berichtenswert fand, dass sie ein krankes Auge hatte, wie sie aber erst zu Hause bemerkte, schreibt sie, was auch erkläre, warum das Rassetier so billig gewesen war. Mitgefühl für den lädierten Hund: Fehlanzeige. Man kann nachfühlen, dass Robin mit zunehmendem Alter immer mehr »in einer sonderbaren Melancholie« versank und begann, sich den Katzen der Familie anzuschließen.

Mit 40 Jahren beschloss Peggy 1938, Kunst zu sammeln – angeblich brachte sie Samuel Beckett auf die Idee, als sie mit ihm einmal vier Tage am Stück im Bett verbrachte, was plausibel klingt, irgendwie muss man da die Zeit ja totschlagen. Marcel Duchamp und Kunstkritiker Herbert Read, beide ebenfalls Exponate aus ihrer Männersammlung, schrieben ihr eine Liste mit lohnenswerten Künstlern, und während die deutschen Truppen Paris bedrohlich näher rückten, kaufte sie, wie sie es sich vorgenommen hatte, jeden Tag ein Kunstwerk – und zwar sensationell billig, weil viele Künstler rasch noch so viel wie möglich verkaufen wollten, bevor sie vor den Deutschen flohen. Nur 40 000 Dollar, erzählte sie später, habe sie für den Kern ihrer Sammlung ausgegeben: Salvador Dalí, Man Ray, Paul Klee, Wassily Kandinsky, Marc Chagall, Joan Miró, René Magritte, Pablo Picasso, Lucian Freud – damals sah man all das als seltsame Außenseiterkunst, in der Peggy sich wiedererkannte, das aus dem Familienbild gekippte Mädchen mit der Knollnase. Sie sei die Hebamme der modernen Kunst gewesen, wird sie später sagen. Ihre rasant wachsende Sammlung stellte sie in ihrer eigenen Galerie in London aus, die sie Guggenheim Jeune nannte.

Als die Deutschen 1940 in Paris einmarschierten, war sie immer noch in der Stadt, weil sie nicht wusste, wie sie ihre Kunst retten sollte – der Louvre fand sie »nicht erhaltenswert« und lehnte es ab, Peggy zu unterstützen. Schließlich verpackte sie die Bilder zwischen Pfannen und Bettzeug als »Haushaltsgegenstände« und verschiffte sie in die USA. Sie selbst ging 1941 wieder nach New York und nahm ihre aktuelle Affäre Max Ernst mit. Dort eröffnete sie ihre neue Galerie »Art of This Century« und ergänzte ihre europäische Sammlung mit amerikanischen Malern: Jackson Pollock, Mark Rothko – beide hatten bei ihr ihre erste Ausstellung –, Robert Motherwell, Joseph Cornell und Willem de Kooning.

Nach längerer, terrierhafter Zermürbungsarbeit willigte Max Ernst schließlich ein, sie zu heiraten, sprach Peggy aber weiterhin mit »Sie« an. Dafür schenkte er ihr den Hund, an den sie endlich ihr Herz verlor: Kachina, eine Lhasa-Apso-Hündin. Damals war die Rasse außerhalb Tibets, wo sie von buddhistischen Mönchen gezüchtet wird, noch relativ selten. In ihrer Heimat gelten diese Hunde als »Botschafter des Friedens und Glücks«, man hält sie für wiedergeborene Mönche, denen der Zugang zum Paradies verwehrt blieb, und die darum, von den jenseitigen Strapazen gründlich verwuschelt, als Hunde wiederkamen. Ernst porträtierte die Hündin in einem Ölgemälde namens »Kachina, Le chien de Peggy Guggenheim«, auf dem sie aussah wie einer dieser osterlammförmigen Kuchen, scheinbar beinlos, das Fell mit der Buttercreme-Spritztülle frisiert. Der Name Kachina, den Ernst ausgesucht hatte, stammt aus der Mythologie der Pueblo-Indianer im Südwesten der Vereinigten Staaten, er steht für mächtige Geistwesen, die die Gestalt eines Tieres, einer

Pflanze oder eines anderen Naturphänomens annehmen können und Botschaften zwischen der menschlichen Welt und der Geisterwelt transportieren.

Bei Peggy und Max musste Kachina in einer weltlichen Variante dieser hehren Aufgabe als unfreiwilliges Bindeglied zwischen zwei hoffnungslos zerstrittenen Eheleuten herhalten. Die geteilte Liebe zu ihrem Hund reichte trotzdem nicht, um die beiden zusammenzuhalten, sie kippte im Gegenteil ins Giftige. »Einmal stürmte Max die Treppe herab und riss mir unsere Hündin Kachina aus den Armen, als wäre sie ein umkämpftes Kind in einem Scheidungsprozess«, beschreibt Peggy einen Streit. »Da wir alle geglaubt hatten, er würde mich verprügeln, wirkte diese Aktion relativ harmlos.« In einer seltenen Friedensphase posierten sie zu dritt für die französische Vogue, und Peggy amüsierte die Ähnlichkeit von Herrchen und Hund: »Mit seinem langen, weißen Fell sah er aus wie Max.«

Es gibt ein Foto von Max Ernst, aufgenommen von seiner späteren Frau Dorothea Tanning, auf dem er Kachina über seine Schulter gelegt hat, und tatsächlich kann man kaum sagen, wo seine Haare aufhören und ihr Fell beginnt. Es erinnert mich an ein Musikvideo, in dem mein Hund und ich einmal mitspielten: Der Musiker Lüül hat das dazugehörige Lied »Gut zu wissen«

geschrieben. »An manchen Tagen kann ich mich nicht ertragen«, heißt es darin, »an manchen Tagen scheint alles zu versagen, und Leben macht mir gar keine Laune mehr. Da ist es gut zu wissen, du bist hier, bei mir. Du bist alles, was ich hab, du bist alles, was ich mag.« Da man das Ganze gleich als Bausparwerbung verkaufen könnte, wenn man zu diesen Einlassungen auch noch glückliche Pärchen zeigen würde, kam Regisseurin Stephanie von Beauvais auf die gute Idee, stattdessen lauter Mensch-Hund-Gespanne zu zeigen. Bei manchen davon spielt sie, wie das Foto von Ernst und Kachina, mit der Ähnlichkeit von tierischen und menschlichen Frisuren. Bei Juri und mir haut das farblich nicht ganz hin, wir haben unseren großen Auftritt im Video stattdessen in einer leicht erniedrigenden Szene, in der ich um Juri herumkrabbele, um ihn zum Spielen zu ermuntern, aber das feine Tier hat nach einer Stunde Dreharbeiten keine Lust mehr auf Faxen, sitzt sphinxhaft da und verfolgt meine missglückten Animationsversuche regungslos und ein bisschen mitleidig.

1942 organisierte Peggy Guggenheim für ihr neues Museum »Art of this Century« eine Ausstellung, in der sie ausschließlich Werke von Künstlerinnen zeigte: »Exhibition by 31 Women«. Ernst half bei der Auswahl und lernte dabei die surrealistische Malerin Dorothea

Tanning kennen, für die er Peggy schließlich verließ. »Ich hätte 30 Frauen nehmen sollen, das war mein Fehler«, sagte sie einmal. Als er ging, nahm er Kachina mit. Peggy bereute es, so schreibt sie später, dass sie bei der anschließenden Scheidung nicht um ein gemeinsames Sorgerecht gekämpft hatte – inzwischen empfand sie für den Hund wirklich so etwas wie mütterliche Liebe. Womöglich auch deshalb, weil das Verhältnis zu ihren leiblichen Kindern so viel komplizierter war als das zu ihrem liebesbereiten, schmusewilligen Hund: Sindbad war bei seinem Vater und ihr nicht nur rein physisch fern, Pegeen fühlte sich von ihrer Mutter chronisch vernachlässigt, obendrein versetzte Max Ernst der wackeligen Beziehung der beiden einen zusätzlichen Schubs, als er beide in einem Gemälde vereinte: Pegeen als engelsgleiche Gestalt, Peggy als Monster. Nach der Scheidung blieben ihr die beiden Perserkatzen Romeo und Gypsy – und Imperator, der Boxer ihres neuen Gefährten Kenneth McPherson, einem britischen Geheimdienstmitarbeiter. Imperator liebte Peggy innig, weil er von seinem Besitzer bis dahin wenig Zuneigung bekam. Diese Liebe brachte ihm schnell den Spitznamen »Mr. Guggenheim« ein, er schlief neben ihrem Bett und ging jeden Tag mit in ihr Museum. »In gewisser Weise ersetzte er mir meine liebe Kachina«, schrieb Peggy. Ganz ungetrübt war diese Liebe allerdings nicht, denn Imperator verweigerte sich hartnäckig dem Konzept, Verdauungsgeschäfte außerhalb der Wohnung zu erledigen. »In dieser Zeit lief ich dauernd mit einer Schaufel herum, wie ein Faktotum zwischen Zirkusnummern. Jedes Mal, wenn ich nach Hause kam, zitterte ich beim Gedanken, was mich vor meiner Lifttüre erwarten würde.« Als ihr die Häufchenschipperei irgendwann zu viel war, wurde Imperator »aufs Land geschickt«, und man kann nur hoffen, dass dies kein Euphemismus für seine finale Trockenlegung sein sollte.

Peggy trauerte weiter um Scheidungsopfer Kachina. Um ihr die Trennung zu erleichtern, schenkte Max Ernst ihr 1946 zwei ihrer Welpen, Emily und White Angel. 1948 nahm sie die beiden mit nach Venedig, wo sie einen Pavillon der Biennale mit ihrer Sammlung gestalten sollte, anstelle des nachkriegsklammen Griechenlands. Peggy gefiel an dieser Einladung besonders gut, wie selbstverständlich ihr Name auf dem Lageplan der Ausstellung neben den anderen Ausstellern wie »Großbritannien« und »Frankreich« stand: »Ich fühlte mich, als wäre ich ein neues europäisches Land.« Das von langhaarigen Seidenzotteln bewohnt wird: Emily und White Angel waren als einzige Hunde auf dem

Biennale-Gelände erlaubt, und wenn sie zwischenzeitlich verschwunden waren, fand Peggy sie entweder im Café, wo sie sich von den Gästen mit Eis füttern ließen, oder in der Picasso-Ecke ihres Pavillons wieder, »was beweist, welch eine wertvolle Erziehung sie im ›Art of this Century‹ genossen«. In einem ihrer überdimensionierten Sammelalben, in die sie Zeitschriftenausrisse und gefundene Zufälligkeiten klebte, bewahrte sie eine ausgeschnittene Rezensionsnotiz, die auch ihre beiden »sehr seltenen« Lhasas erwähnt: Sie seien auf dem ganzen Ausstellungsgelände »herumgeflip-flappt«, hätten dabei ganz außerordentlich den früheren Hunden reicher Renaissance-Venezianer geähnelt und dazu beigetragen, dass Peggys Show so aussah, als gehöre sie unbedingt hierher.

Peggy blieb in Venedig und kaufte den unvollendeten Palazzo Venier dei Leoni, verglichen mit benachbarten Gebäuden flach wie eine Pizzaschachtel. Sie strich das Schlafzimmer türkis, hängte ihr silbern geschnörkeltes, von Alexander Calder gefertigtes Bettkopfteil an die Wand und war endlich angekommen, zumindest räumlich. Ihre Lhasa Apsos passten perfekt an diesen Ort, dessen frühere Bewohner zahme Löwen im Garten hielten – Peggys Hunde sahen nicht nur aus wie verpossierlichte Minilöwen, sie werden in Tibet auch tatsächlich »Löwenhunde« genannt.

Ihren Palazzo gestaltete sie als Wohn-Schau-Hybrid, das sie im Sommer für Besucher öffnete. Da es keinen abgetrennten, ausgewiesenen Museumsbereich gab, wanderten diese dann mit schwankender Diskretion durch ihren Wohnbereich, um die darin verstreute Kunst zu besichtigen, und pinkelten ins Gartengebüsch, weil es nicht genug Toiletten gab. Wurde der Menschenauftrieb Peggy zu viel, stieg sie mit den Hunden in ihre private Gondel, in deren Holz statt der obligatorischen Löwen kleine Lhasa-Apso-Köpfe geschnitzt waren. Vorher schraubte sie noch den abnehmbaren Penis von ihrer Marino-Marini-Skulptur, die man auch heute noch vom Wasser aus sehen kann und die einen nackten, semierregten Mann auf einem Pferd zeigt. War der Penis abgeschraubt, war dies das Zeichen dafür, dass Peggy nicht zu Hause ist – inzwischen ist er dauerhaft angeschweißt, nachdem das Gewindegenital einmal souvenirhalber von einem Museumsbesucher entwendet wurde.

Dann ließ sie sich mit Hunden und Schraubglied durch die Kanäle schippern, oft trug sie dabei ihre schmetterlingsförmige Sonnenbrille, die Edward Melcarth für sie designt hatte, und sah damit wie eine

Superheldin aus; und ihre Hunde wurden in dieser Fantasie zu hilfreichen Sidekicks, die sich um kleinere Schurken kümmern, deren kriminelle Energie zu mickrig wäre, als dass sich die Superheldin persönlich damit beschäftigen müsste.

In Venedig begann Peggy schließlich damit, eine Hundesammlung aufzubauen. Kachinas Welpen waren die beiden Stammmütter. Da sie nicht wusste, dass ein Lhaso Apso nicht dasselbe ist wie ein äußerlich recht ähnlicher Shih Tzu und manchmal auch noch einen Pekinesen einkreuzte, weil die ja auch irgendwie klein und wuschelig waren, ging die Hundevermehrung reichlich chaotisch vonstatten – kein Vergleich mit dem sorgfältigen, rassekonservatorischen Deck-Heckmeck von Queen Elizabeth II. Bei einer Indienreise machte Peggy zwar auch einen Abstecher ins tibetanische Darjeeling, wo sie nach Lhasa-Apso-Rüden Ausschau hielt, »um die Inzucht in meiner vielköpfigen Hundefamilie zu beenden«, allerdings erfolglos: Sie besuchte Tensing Norkay, den Sherpa, der mit Edmund Hillary den Mount Everest bestiegen hatte, und der sechs reinrassige Exemplare besaß, doch er wollte keines hergeben. Also blieb es dabei, dass die meisten der 57 Welpen, die in Peggys Palazzo geboren wurden, auf einen einzigen Deckrüden zurückgehen, den sie aus den USA importiert hatte. Von jedem Wurf behielt sie etwa sechs Welpen, das Rudel wuchs also rasant.

Womöglich war dieser Vermehrungseifer eine unbewusste Reaktion auf Dorothea Tanning. Die Frau, die Peggy nicht nur den Mann, sondern auch den Hund genommen hatte, reproduzierte Kachina inzwischen in ihrer Kunst: Aus ihrem Bild »Maternity« glotzt ein gruseliger Lhasa Apso mit Kindergesicht, in »Tableau vivant« wird ein nackter Frauenkörper von einem menschengroßen Zottelhund umfangen, auch in vielen weiteren Bildern tritt Kachina auf, manchmal malte Tanning sich selbst mit Hundekopf. Die geliebte Hündin würde Peggy nicht zurückbekommen, aber sie konnte ihre siegreiche Rivalin immerhin mit der Zahl ihrer Hunde übertrumpfen und den Lhaso Apso zu ihrem Markenzeichen machen.

Kachina reiste derweil mit Ernst und Tanning nach Frankreich und nach Arizona, wo sie später noch das Leben des surrealistischen Malers Pavel Tchelitchew rettete, der in der Wüste ein paar Tage auf sie aufpasste: Sie weckte ihn mitten in der Nacht, als sich am Fußende seines Bettes eine Klapperschlange zum Schnappen bereit machte. Und Dorothea Tanning gibt in ihrer Autobiografie, inspiriert von Kachina, ein paar Tipps für kleine »Luxusmomente«, mit denen man auch ein bescheidenes Leben großartig machen könne: nicht auf Briefe antworten, einfach so zum Spaß weinen – und die besten Einfälle, die man hat, nur dem Hund erzählen.

Peggy vermischte in ihren Venedigjahren zunehmend Hunde und Menschen. Einen Welpen nannte sie Sir Herbert, und zwar lange bevor sein Pate, Herbert Read, tatsächlich zum Ritter geschlagen wurde. Öfter gab es in der Folge Verwirrung unter ihren Dienstboten, die sich bei ihren Anweisungen dann rückversichern mussten: »Meinen Sie den Hund oder den Mann?« Besonders skurril: Einen Hund taufte Peggy nach ihrer Tochter Pegeen, was diese extrem erboste – deren Ehemann überfuhr beim unvorsichtigen Zurücksetzen mit dem Auto dann tatsächlich ausgerechnet die tierische Namensvetterin, ihre pflegeleichtere Zweitbesetzung. Die menschliche Pegeen warf ihrer Mutter immer noch vor, sie als Kind zugunsten ihrer Liebschaften vernachlässigt zu haben und nun ihre Hunde mehr zu lieben als ihre eigenen Kinder. Als Pegeen selbst ein Kind erwartete, provozierte Peggy sie, indem sie die Welpen ihrer Hündinnen White Angel und Emily als ihre Enkelkinder bezeichnet. Auch die Widmung an die »beloved babys« auf dem Sammelgrabstein musste für die immer etwas verlorene Pegeen ein Affront gewesen sein.

Obwohl sie nachlässig war, was die Stubenreinheit ihrer Hunde betrifft – auch das Dauerdebakel mit Imperator hatte sie nicht konsequenter gemacht, was Hundeerziehung anging –, konnte Peggy ihnen gegenüber auch die knallharte Eiskunstlaufmutter sein, die in manchen Momenten unerwarteten Ehrgeiz entwickelte. 1959 kam John Cage für ein paar Wochen zu Besuch nach Venedig, um als fanatischer Pilzexperte in der italienischen Quizsendung »Lascia o raddoppia« (Lass es oder verdopple) anzutreten. Seit er sich in ärmlichen Zeiten fast ausschließlich von Pilzen ernährt hatte, war er besessen von diesem Thema und ließ sich auch nicht davon beirren, dass alle Gäste eines von ihm veranstalteten Pilzessens einmal gleich im Anschluss an diese Mahlzeit ins Krankenhaus mussten, um sich den Magen auspumpen zu lassen. In der Quizshow aber glänzte er, meisterte Runde um Runde und gewann nach fünf Sendungen schließlich den Hauptpreis von 6000 Dollar. Für ein elektronisches Stück namens »Sounds of Venice« wollte er schließlich zum Abschied noch Peggys bellende Hunde sampeln, aber trotz größter Anstrengungen waren sie nicht dazu zu bewegen, auch nur einen Mucks zu machen. »Es war eine große Enttäuschung«, schrieb Peggy an ihren Kunstsammler-Freund Bernard J. Reis.

Je älter sie wurde, desto mehr Zeit verbrachte Peggy allein mit ihren Hunden, vor allem während der venezianischen Winter, in denen kaum Besucher kamen. Inzwischen hatte sie auch ihre Lieblingsschwester Benita verloren, die bei einer Geburt gestorben war; die Kinder ihrer anderen Schwester Hazel waren unter nie ganz geklärten Umstände tödlich verunglückt, als sie von einem Dach fielen, Pegeen nahm sich 1967 das Leben. Peggy hatte noch gelegentliche Affären mit jungen Italienern, aber in einem Brief schrieb sie: »Gott bewahre mich davor, mich in meinem Leben noch einmal zu eng an jemanden zu binden. Bis jetzt sind alle, die ich geliebt habe, entweder gestorben oder haben mich unglücklich gemacht, weil sie am Leben blieben. Das Leben scheint ein ewiger Kreis des Elends zu sein. Ich würde nicht wieder geboren werden, wenn ich die Chance hätte.«

Von ihrer Lhasa-Meute blieben am Ende nur noch drei greise Exemplare übrig: Hong Kong, Gypsy und Cellida, über deren Verwandtschaftsverhältnis es widersprüchliche Aussagen gibt. Vermutlich war das Peggy selbst auch nicht wichtig, wie auch der Einzelhund bei ihr keine große Rolle gespielt zu haben scheint – sie schreibt in ihrer Autobiografie nicht von einem Lieblingstier, dem einen Seelenverbündeten, mit dem man eine besonders innige Verbindung spürt, sondern lebte mit ihrem Rudel künstlerbohème-gerecht in einem Kuschelkollektiv, einem niemals versiegenden, da stets durch neue Würfe neu befüllten Liebesreservoir. So wie man es auch leicht verwechseln kann, ob man nun wirklich in jemanden verliebt ist oder nur in die Idee davon, verliebt zu sein, liebte Peggy Guggenheim vielleicht keine einzelnen, individuellen Hunde, machte keinen Unterschied zwischen Cappuccino, Peacock und Madame Butterfly, sondern liebte einfach das Prinzip Hund. Die Sicherheit, dass da jemand ist, der nicht weggehen wird, der unvergrätzlich und unabwerbbar für immer bleibt, bis zum Ende seines Lebens. Ihre beloved babies, unbedingt im Plural, die zwar auch starben, aber für sie leichter zu ersetzen waren als ihre menschlichen Verluste. Und unkomplizierter zu lieben als ihre Männer. Dem Spiegel sagte sie 1976 in einem Interview, entweder habe sie an ihren Männern Sexyness oder Geist geliebt: »Beides zusammen habe ich nie getroffen, und so habe ich mich für Hunde als den dritten Weg entschieden.«

Nebenbei half sie, den Lhasa Apso auch außerhalb von Tibet bekannt zu machen. 1968 ernannte ihn das New York Magazine zum »Dog of the Year«. Auch Elizabeth Taylor hatte inzwischen vier Lhasas, die, als der Artikel erschien, gerade auf einer Jacht lebten, die auf der Themse, nahe dem Tower of London, ankerte – technisch gesehen also nicht auf britischem Boden, womit Taylor und ihr Ehemann Richard Burton das Gesetz umgingen, ihre Hunde bei der Einreise nach Großbritannien sechs Monate in Quarantäne zu geben. Die Jachtmiete betrug 2700 Dollar pro Woche, japste das Magazin, befand dann noch, dass die Tiere mit ihrem Mittelscheitel aussahen wie Yakkälber ohne Hörner, und informierte darüber, dass der Lhasa Apso ein außergewöhnlich gesprächiger Hund sei: »Manchmal knurrt und murmelt er, als würde er sprechen, und zeigt ein so hohes Level an Kommunikation, dass er fast menschlich scheint.«

Am Ende blieb Peggy Guggenheim noch Cellida, benannt nach dem spanischen Bildhauer Eduardo Chillida. Als die Hündin starb, war Peggy traurig, aber spürte auch eine gewisse Erleichterung: Immer wieder hatte sie sich gefragt, wer sich um die Cellida kümmern würde, sollte sie selbst vor ihr gehen, nun war der letzte Anker, der sie noch festhielt, gehoben. Drei Monate nach ihrem letzten Hund starb auch Peggy Guggenheim.

WINSTON CHURCHILL

Zu Hause war Churchill der Mops. Nicht die raubauzige Bulldogge mit dem Malmkiefer, die Nazis umstandslos den Hosenboden aufreißt und sich mit dampfwalziger Nonchalance allen Widrigkeiten des Lebens entgegenwamst, nicht dieser Hund, mit dem man – wir haben einhundert Leute gefragt – Winston Churchill sofort assoziieren würde. Zu Hause bei seiner Familie war der womöglich wichtigste britische Politiker des 20. Jahrhunderts keine Bulldogge, sondern der Mops, ein zwar auch physiognomisch verknautschbackigter Hund, aber kleiner, harmloser, niedlich zurechtgestaucht. Seine

RUFUS

Frau Clementine nannte ihn in intimen Momenten »Mr. Pug«, er nannte sie »Mrs. Pussycat«. Kam er nach einem Tag im Parlament nach Hause, begrüßte sie ihn mit einem kurzen Bellen, er miaute zart zurück, waren sie getrennt, schrieb er ihr Schmachtbriefe, die er mit seinem Hunde-Alter-Ego unterschrieb und mit kleinen Schweinezeichnungen verzierte. So vierschrötig Churchill äußerlich und im politischen Umgang wirkte, so albern und weich war er mit seiner Frau und seinen Kindern. Und mit seinen Hunden.

Es wäre eine adäquat knifflige Eine-Million-Euro-Frage, mit den Vertretern welcher Hunderasse Winston Churchill als Erwachsener sein Leben teilte, nachdem der 50:50-Joker die englische Bulldogge schon mal aus der Auswahl gekickt hat. Eine einzige hat er zwar doch besessen, aber da war er 17 Jahre alt und traurig und einsam im Internat, die Mutter scherte sich nicht sonderlich um ihn, dem Vater war er eine Enttäuschung, er schrieb ihnen wunde Briefe, in denen er bettelte, sie möchten ihm doch zurückschreiben, ein paar Liebesbrösel von ihrem Tisch zu ihm herunterrieseln lassen. Irgendwann verkaufte er sein Fahrrad, um Dodo kaufen zu können. Dodo, die Bulldogge, weil ihm jemand erzählt hatte, dass sein Vater während seiner Zeit in Eton auch eine Bulldogge besaß. Es gelang ihm immerhin eine kleine Weile, Dodo entgegen der Internatsregeln in seinem Zimmer versteckt zu halten, bis sie entdeckt und zu seinen Eltern geschafft wurde.

Der zweitberühmteste Hund, den man mit Churchill in Verbindung bringt, ist nur ein ausgedachter: der »schwarze Hund«, der in trüben Phasen bei ihm auftaucht und sich bei ihm niederlässt, ein Metapherntier für mögliche Depressionen. Er wird so oft für irgendwelche Zitate hervorgezerrt, dass er inzwischen mindestens so kahle Stellen in seinem imaginären Fell haben müsste wie der ausgestopfte »Streichelbär« am Eingang des Berner Naturkundemuseums, dem fordernde Besucherhände schon eine echte Halbglatze ins früher mal dichte Braunbärenfell liebkost haben. Allerdings, schreibt der hochakribische Churchill-Biograf Andrew Roberts, habe der Premierminister diesen »black dog« selbst nur ein einziges Mal erwähnt, in einem Brief an Clementine im Juli 1911. Churchill hatte sich zum Abendessen mit seinem Cousin Ivor Guest und dessen Frau Alice getroffen, sie hatte ihm von einem deutschen Arzt erzählt, der ihre Depressionen vollständig geheilt habe. »Ich denke, der Mann könnte mir auch helfen – wenn mein schwarzer Hund zurückkommt«, schrieb

Churchill. »Er scheint aber ziemlich verschwunden zu sein. Das ist so eine Erleichterung. Alle Farben sind wieder zurück, am strahlendsten von allen dein liebes Gesicht, mein Schatz.« Auch Lord Moran, Churchills Arzt, erwähne den »schwarzen Hund« auf seinen 800 Tagebuchseiten über seinen berühmten Patienten nur fünf Mal, schreibt Roberts, und das meistens spekulativ. Natürlich sei Churchill manchmal niedergeschlagen gewesen, habe sich an manchen Tagen nur schwerlich aus dem Bett wuchten können, etwa während der Niederlagen in der Frühphase des Zweiten Weltkriegs – allerdings muss sich in solchen Lebenslagen wohl nicht erst ein molosserhafter schwarzer Hund auf einem niederlassen, damit man eine gewisse Beklemmung spürt. Auch wenn sein »black dog« längst trübsinnige Karriere als international anerkanntes Depressionsmaskottchen gemacht hat, weiß man also nicht, ob Churchill wirklich unter dieser Krankheit litt. Biograf Roberts ordnet seine belegte Äußerung in dem Brief an Clementine in die nicht immer begründete Klagenkette des passionierten Hypochonders Churchill ein, der täglich seine Temperatur maß und über seine »empfindliche Nagelhaut« jammerte.

Nur ein kurzer Bulldoggen-Cameo also, und bestenfalls das entfernte Bellen eines schwarzen Hundes. Churchills Herz gehörte vielmehr den Pudeln, und zwar ausgerechnet auch noch den zwergigen, rotbraunen Exemplaren dieser Rasse. Er besaß nacheinander zwei dieser Hunde, die fast identisch aussahen und fast identisch hießen: Rufus und Rufus II – das ist nun für sich genommen nicht sehr einfallsreich und wird noch eine Liga namensfauler, wenn man unterstellt, dass Churchill seine Rufusse einfach nach dem ersten Hund dieses seltenen Farbschlags taufte, der ebenfalls Rufus hieß – nach ihm wurden auch die rezessiv vererblichen DNA-Details, die für den rötlichen Farbschlag bekannt sind, benannt: Wer sich aufschneiderisch in renommierte Pudelzüchterkreise einwieseln möchte, kann beim Kameradschafts-Scherabend einfach mal nonchalant die Worte »Rufus-Gen« vor sich hin murmeln.

Churchill und ein Pudel? Der Bärbeiß und das lämmchenflaumige Tufftier? Die Vorstellung kam mir immer komisch vor, zu hart der eine, zu weich der andere. Bis ich Chartwell besuchte, Churchills Landsitz im britischen Kent. Und in seinem Arbeitszimmer einen abgegriffenen Stofflöwen entdeckte, der aus einem der eng befüllten Bücherregale ragte, eingequetscht zwischen zwei speckigen Bänden. Ich fragte den Aufsichtsmenschen, der diskret in einer Zimmerecke saß und aufpasste, dass niemand eines der tollen Dinge auf Churchills im Originalzustand zugeramschten Schreibtisch stahl (Das kleine Pudel-Figürchen! Die rätselhafte Zange! Das eitergelbe Telefon!), was es mit dem Stofflöwen auf sich hatte. Er erklärte, ein Kind habe Churchill das Tierchen während des Zweiten Weltkriegs geschenkt, als er eine zerbombte Wohngegend besuchte, um den Menschen gut zuzusprechen. Churchill hatte das Stofftier behalten und verwendete es in späten Jahren als Platzhalter in seinen Bücherregalen, um die Sortierordnung zu bewahren: Wann immer er einen Band herauszog und mit zu seinem Schreibtisch nahm, steckte er den Plüschlöwen an seine Stelle.

Womöglich war Churchill also doch bedeutend weicher als angenommen. Ich schaute auf den Löwen und musste an den fransigen Aufnäher auf meinem alten Parka denken: Ein weinendes Gürteltier war darauf eingestickt, darunter stand in schnörkeliger Schrift »secretly soft«. Und natürlich war im Gegenzug der Pudel viel tougher, als sein etwas aus dem Ruder gelaufenes Image als Jacob-Sisters-Begleittier und genereller Schoß-Schnuffi weismachen will: Ursprünglich wurden Pudel als Jagdhunde gezüchtet, und ihre Frisuren, die heute überkandidelt wirken, weil sie keinen praktischen Nutzen mehr verfolgen, waren nichts weiter als hochfunktionale Outdoor-Wear. Man schor ihre hintere Hälfte, weil sie beim Abgeschossene-Enten-aus-dem-Wasser-Holen zu schwer würden, wenn sich ihre volle, ungeschorene Haarpracht mit Wasser vollsaugte. Und ließ ihnen dafür die Fellpompoms um die Knöchel, um sie gegen Rheumatismus zu schützen. Wenn sich der heimlich softe Politiker und der heimlich harte Pudel also irgendwie in der Mitte treffen konnten, dachte ich mir, war das vermutlich wirklich ein gutes Match.

Hunde kamen relativ spät in Churchills Leben, doch Tiere umgaben ihn von Anfang an. Als Knabe züchtete er Seidenraupen, in Banstead, dem Familienheim seiner jungen Jahre, hielten Winston und sein Bruder Jack Hühner, Meerschweinchen, Frettchen und Hasen, nach deren Befinden er sich in seinen Briefen aus dem Internat erkundigte. Vergeblich bat er seinen Vater darum, ihm eine zahme Antilope aus Südafrika mitzubringen, als der dort als Journalist unterwegs war. Jahrzehnte später und noch vor seiner Zeit als Premierminister kaufte Churchill den Landsitz Chartwell und füllte ihn mit einer artenreichen Menagerie, fast so, als wolle er hier, fast fünfzigjährig, umringt von Tieren, noch schnell ein zweites Schattenleben aufbauen, in das man hineinschlüpft wie in die gemütliche Samstags-Jogginghose nach einer Woche voller Anzüge – oder, in Churchills Fall, während fünf unerfreulichen Jahren in der Opposition. In Chartwell spielte Churchill den leutseligen Landadeligen, pflanzte Kartoffeln an, mauerte eigenhändig die steinerne Umfassung, züchtete Schweine und seltene Rinderrassen, hielt sich einen Teich voller Goldfische und -karpfen und soll sich intensiv damit befasst haben, wie kompliziert es wäre, im Garten ein kleines Kängururudel zu halten – es erwies sich als nicht praktikabel. Dafür richtete Churchill sich ein Schmetterlingshaus ein und stimmte die Blumen des Gartens auf die bevorzugten Blüten seiner Bewohner ab.

Da er eine beständig ratternde Bonmot- und Anekdotenmaschine war – und heute ein absoluter Meme-Gigant wäre –, nährte seine Tiersammelei im Laufe der Jahre auch die Mythensammlung rund um Churchills plakativ exzentrisches Wesen. Man erzählte sich, auf Chartwell flattere auch ein Papagei namens Charlie umher, dem Churchill ausschließlich Hasstiraden gegen Hitler und die Nazis beigebracht hätte, die er nun heiter herauskrähte. Charlies Existenz konnte allerdings nie bewiesen werden, ebenso wenig der Wahrheitsgehalt der Anekdote, die einer von Churchills Katzen, die er während der Kriegsjahre besaß, ihren Namen einbrachte: Er wollte beobachtet haben, wie die da noch namenlose Katze einen großen Hund aus dem Gebäude der Admiralität, der Behörde für die Royal Navy, jagte – worauf er beschloss, sie zu adoptieren und Nelson zu nennen, nach dem berühmten Admiral.

Churchills Tierliebe war eine höchst schizophrene Angelegenheit. Als sein Chauffeur eines Nachts in der Anfahrt auf Chartwell einen Dachs überrollte, ließ Churchill anhalten, nahm das blutende Tier auf seinen Schoß und hielt es dort, bis er einsehen musste, dass der Verunfallte nicht zu retten war – andererseits ging er mit größtem Vergnügen zur Fuchsjagd, schoss Kaninchen rund um Chartwell und Wildschweine in Frankreich. Bei seiner Afrikareise 1907 wollte er unbedingt ein Nilpferd erlegen, zielte bei einer Safari auch auf einige Exemplare, verfehlte allerdings. Seine Haustiere dagegen hätschelte er mit sentimentaler Zärtlichkeit. Mindestens zwei Hausangestellte kümmerten sich um seinen Wellensittich Toby, der frei im Haus herumflog und Churchill auch auf Reisen begleitete – vor allem bei Überseereisen, klagte sein persönlicher Assistent einmal, sei Tobys Versorgung mit Körnern, Vogelsand und Sepiaschalen fast so wichtig wie die Sicherung des Zigarrenbestands seines Besitzers. Churchill weinte, als einer seiner schwarzen Schwäne starb – ein Staatsgeschenk von Australien –, und verließ einmal, so die Legende, eine politische Diskussion im Parlament, um daheim anzurufen und zu fragen, wie es dem kranken Goldfisch gehe. Er war begeisterter Angler – aber als seine Karpfen von einem Pilz befallen wurden, engagierte er einen Trupp Arbeiter, um jeden befallenen Fisch zu fangen und einzeln mit einer Tinktur zu behandeln. Im September 1939 nahm er den Zierfischbestand des Londoner Kaufhauses Harrods bei sich in Chartwell auf und gewährte den Tieren bis zum Ende des Krieges Unterschlupf – und bezeichnete andererseits einen Schwarm Emder Gänse (die älteste und schwerste deutsche Gänserasse), der sich, noch in der Vorkriegszeit, rund um seinen See einnisten wollte, als »grässliche Nazis«, die es unbedingt zu vertreiben gelte.

Einmal soll er an Weihnachten in glänzend choreografierter Theatralik das Tranchiermesser wieder weggelegt haben, als er es dem knusprig gebratenen Truthahn schon an die Brutzelbrust gesetzt hatte: »Ich frage mich gerade«, soll er mit höchst bewegter Stimme zu seiner Frau Clementine gesagt haben, »ob

das Ethel war« – eine der eigenen Truthennen nämlich. Nachdrücklich vertrat er die Ansicht, dass man
niemanden essen könne, dem man schon mal einen
guten Morgen gewünscht habe, aber es ist unklar, ob
die Farmtiere, die bei ihm lebten – 1947 hatte er den
an Chartwell angrenzenden Bauernhof dazugekauft –,
sämtlich wirklich an Altersschwäche starben. Besonders liebte er die Schweine, denen er eines seiner ge-
drechselten Bonmots widmete, die immer ein bisschen
so wirken, als habe er schon zu Lebzeiten seine eigene
Museumsshoppisierung im Sinn gehabt, die eigene
Verkürzung zum Gimmick, die Verkitschung zum
Souvenir: »Hunde schauen zu dir auf«, sagte Churchill
also, »Katzen auf dich herab. Bringt mir ein Schwein!
Es schaut dich an und begegnet dir auf Augenhöhe.«
Gern soll er mit einem selbst gebastelten Rückenmas-
sagegerät bei seinen Schweinen gesessen haben, einer
groben Bürste, die an einem langen Stock befestigt war,
damit er ihnen bequem den Rücken schrubben konnte.

Das klingt eher wie eine Szene aus einem Kin-
derbuch über einen Bauernhof als nach realer Farm-
bewirtschaftung. Das Reich seiner Tiere war für
Churchill eine wundersame Fabelwelt und darum
vielleicht wirklich ein Paralleluniversum ohne Grob-
heiten und Kriege. Der Rechercheur, der mit ihm

an seinen Büchern arbeitete, erinnerte sich an eine Szene, in der er Churchill einmal frühmorgens in seinem Schlafzimmer besuchte, wo er vom Bett aus arbeitete. Einer der Rufusse lag auf seinen Füßen, eine Katze auf seinem Schoß, und Wellensittich Toby saß auf seinem Kopf – das klingt wie die biblische Szene von Jesaja 65:25, in der das Lamm sich an den Löwen kuschelt. Eine Welt voll Flausch und ohne Arg.

Churchill betrieb einigen Aufwand, um die Illusion zu erhalten. Sein Personal musste ihm zu Weihnachten im Namen seiner Tiere Karten schreiben, Katze Nelson schickte liebe Grüße, der Löwe Rota, der im London Zoo wohnte, wünschte per Telegramm fröhliche Feiertage. Churchill hatte ihn 1943 geschenkt bekommen, als Anspielung auf seinen Löwenmut bei der Verteidigung von Großbritannien, und er hatte tatsächlich eine ganze Weile darüber nachgedacht, ob er das Tier nicht doch in Chartwell einquartieren könnte, bis er einsehen musste, dass es im Zoo besser aufgehoben war. Bei anderer Gelegenheit bekam er einen Leoparden geschenkt, und seine Sekretärin klagte einmal, sie müsse ständig weitere avisierte Tierpräsente abmoderieren. Als der Mops seiner Tochter Diana einmal ernstlich krank war, wandelte Churchill die bedrohliche Situation in eine

kleine Musicalnummer um und dichtete ihr ein Lied
zur Aufheiterung:

>»Oh what is the matter with poor Puggy-
    Wug?
Pet him and kiss him and give him a hug.
Run and fetch him a suitable drug.
Wrap him up tenderly all in a rug.
That is the way to cure Puggy-Wug.«

Was ist nur los mit dem armen Puggy-Wug?
Streichle ihn, küss ihn und drück ihn genug.
Hol ihm seine Pillen, schnell, ohne Verzug,
Wickle ihn fest in einen weichen Bezug,
Dann wird wieder gesund dein Puggy-Wug.

Den Mops streicheln, küssen, umarmen, ihn mit einer Decke wärmen – verschnuffelter kann man
kaum über Tiere sprechen. Dann aber schlägt Churchills verschroben-uneindeutige Sicht auf die Mit-
geschöpfe einen weiteren Haken: Mitunter sah er sie
auch strategisch-kühl als diplomatische Verfügungsmasse, etwa in der Verschlusssache Schnabeltier. 1942
war das Verhältnis von Großbritannien und Australien ziemlich zerrüttet. Da das Mutterland sich

in seinen militärischen Anstrengungen vor allem auf den Kampf gegen Hitlerdeutschland konzentrierte, fühlte sich Australien vernachlässigt und verraten, als es akut von Japan bedroht wurde. Was könnte nun eine solch angespannte, frostige Lage besser wieder anwärmen als ein ulkiges Tier, das von einem der am Streit beteiligten Kontinente auf den anderen übersiedelt, friedensbotschaftermäßig? Churchill überredete also die australische Regierung, ein Schnabeltier auf die lange Reise nach Großbritannien zu schicken. Der Londoner Zoo, in Kriegszeiten extrem klamm, wenn es um Futtergeld ging, plante bereits einen Spendenaufruf an die Bevölkerung, die dazu aufgerufen werden sollte, Würmer für den Neuzugang zu sammeln, sachgerecht lebendig zu verpacken und an den Zoo zu schicken – etwa 100 000 Würmer würde man brauchen, um das Schnabeltier über den Winter zu bringen. Es wäre das erste Exemplar seiner Art in Europa, und um seine diplomatische Mission zu ermöglichen, wurde extra ein australisches Gesetz kurzfristig außer Kraft gesetzt, das es verbietet, Schnabeltiere außer Landes zu schaffen.

Leider starb das Schnabeltier, das man vor der Abreise natürlich noch auf den Namen Winston getauft hatte, um die Absurdität der ganzen Unternehmung

abzurunden, bei seiner Überfahrt. Mitten auf dem At-
lantik lieferte sich das Schiff, auf dem das Tier mitreiste,
eine Schlacht mit einem deutschen U-Boot, und die
Turbulenzen durch die abgefeuerten Wasserbomben
sollen dem empfindlichen Wesen schlecht bekommen
sein – so lautet zumindest die Theorie der australischen
Behörden, die zu Winstons unglücklichem vorzeitigem
Ende tatsächlich einen Untersuchungsausschuss ein-
richteten. Eine andere Theorie besagt, dass sein Reise-
proviant mit 50 000 Würmern vielleicht entweder zu
knapp bemessen gewesen sei, weil das Schiff eine andere, längere Route als vorgesehen nehmen musste, worauf der Kadett, der für Winstons Verpflegung zustän-
dig war, die übliche Tagesration von 750 Würmern auf
600 Würmer pro Tag verknappen musste, was ebenfalls
zu viel beziehungsweise zu wenig für das bedauerns-
werte Schnabeltier gewesen sei.

Churchill sandte also ein Trauertelegramm nach
Australien: »Bin bestürzt, mitteilen zu müssen, dass
das Schnabeltier, das Sie mir freundlicherweise geschickt haben, während der letzten Tage seiner Reise
nach England gestorben ist. Sein Verlust ist eine große
Enttäuschung für mich.« Er werde Winstons Leichnam nun an den Berufsverband der britischen Chirur-
gen übergeben, die ihn dann fachgerecht präparieren

würden, nachdem ihr bisheriges ausgestopftes Schnabeltier bei den deutschen Luftangriffen zerstört worden sei.

Während dieser dunklen Stunde für die internationale Schnabeltierdiplomatie lebte Rufus schon bei
Churchill, sein erster Pudel. Er wurde um 1940 geboren und begleitete ihn durch die Kriegsjahre. Als
ich einmal das Londoner Imperial War Museum besuchte, sah ich dort ein in gleichen Teilen rührendes
und verstörendes Bild von Churchills Hundeliebe, das
ich nie mehr vergessen habe: Es ist August 1944 und
Churchill auf Truppenbesuch in der Normandie, und
in einem ruhigen Moment sitzt er bei Generalfeld-
marschall Bernard Law Montgomery und streichelt
dessen Cockerspanielwelpen – eine absurde Kombi-
nation, absolute Niedlichkeit im Angesicht der abso-
luten Grausamkeit. Der Welpe hieß Rommel.

Nach Dodos Tod dauerte es lange, bis Churchill
wieder einen Hund hatte, gemessen an der Tier-
dichte, die ihn ansonsten umkreuchte und -fleuchte.
»Niemand sollte nicht die Freundschaft eines Hundes kennen«, sagte er in leicht quastiger Doppelver-
neinung, »es gibt nichts Vergleichbares.« Angeblich
soll er dennoch so lange gezögert haben, wieder einen
Hund aufzunehmen, weil er glaubte, Hunde würden

ihn nicht sonderlich mögen, und auch sein Biograf Andrew Roberts schenkt seiner Hundeliebe skandalöserweise in unverzeihlicher Fehleinschätzung nur wenige Seiten in seinem knapp 1000-seitigen Werk. Im ausufernden Stichwortverzeichnis finden sich zehn Verweise auf Churchills Schmetterlinge, eigene Einträge über seine Liebe zu sonderbaren Hüten, seine Picknickvorlieben, Neigung zu Nachmittagsschläfchen und Abneigung gegen Golf, aber keine Verschlagwortung seiner unbestrittenen, verbürgten Hundeliebe.

Rufus begleitete ihn durch den Krieg und auf seinen Reisen, schlief mit dem Premierminister in einem Bett, schwänzelte durch Chartwell und Downing Street Nummer 10. Einmal sprang er munter mitten in eine Besprechung in den Cabinet War Rooms, der geheimen Kommandozentrale der britischen Kriegsführung. »Nein, Rufus«, soll Churchill gesagt haben, »ich habe es nicht für nötig gehalten, dich zum Kriegskabinett dazuzubitten.« Dabei wäre das gar nicht so abwegig gewesen: John F. Kennedy, der das Weiße Haus während seiner Präsidentschaft mit neun Hunden teilte, brachte 1962 während der Kubakrise seinen Welsh Terrier Charlie mit in die hektische Kommandozentrale, weil er beruhigend auf ihn wirkte. Überhaupt waren Hunde in den USA immer ein Teil der präsidialen Inszenierung. Der damalige sowjetische Regierungschef Nikita Chruschtschow schenkte Kennedys Tochter Caroline einen Welpen, eine kleine Massage für die diplomatischen Verspannungen während des Kalten Kriegs. Pushinka, so sein Name, war eine Tochter von Strelka, einem der beiden ersten Hunde, die in das Weltall gereist und lebendig wieder zurückgekehrt waren. Trotz dieser prominenten Abstammung wurde Pushinka zuerst sorgfältig untersucht, bevor sie ins Weiße Haus ziehen konnte – auf Abhörwanzen, nicht auf Flöhe.

Chruschtschows Amtskollege Wladimir Putin setzte dagegen Jahrzehnte später auf schwarze Dogdiplomatie: Beim Staatsbesuch von Angela Merkel in seinem Haus in Sotschi ließ er seinen Labrador Koni mit in den Empfangsraum – man nimmt an, dass er sehr genau wusste, dass sich Merkel seit einem Biss vor Hunden fürchtete. Bei anderer Gelegenheit traf Koni auch US-Präsident George W. Bush, der ihm seinerseits bei Putins Vorjahresbesuch in den USA seine Scottish Terrier Barney und Miss Beazley vorgestellt hatte. Bush erinnert sich an die Worte, mit denen Putin ihm dann angeblich seinen Labrador präsentierte: »Größer, stärker und schneller als Barney.«

Im Oktober 1947 wurde Rufus überfahren und starb. Churchill war beim Parteitreffen der Torys in Brighton, als es passierte, und man erzählte es ihm erst, als er wieder zu Hause war. Er trauerte so sehr um Rufus, dass er mit der Hausangestellten, die ihn zur Unzeit von der Leine gelassen hatte, angeblich kein Wort mehr gesprochen haben soll. Eine Bulldoggenzüchterin bot ihm zum Trost einen Welpen an, Churchill lehnte ab: Wenn überhaupt, dann würde an seiner Seite wieder ein Pudel sein.

Der amerikanische Journalist Walter Graebner, der ihm half, seine Kriegserinnerungen als Serie im »Life«-Magazin zu veröffentlichen, suchte für ihn auf eigene Faust nach einem Rufus-Ersatz und fand tatsächlich einen extrem ähnlich aussehenden Welpen bei derselben Züchterin, bei der auch der Original-Rufus auf die Welt gekommen war. Churchill war nicht sofort von der Idee überzeugt, seinen toten Hund einfach durch eine junge Version zu ersetzen, und erbat sich Probezeit. Unsicher war er vor allem, weil ihm der neue Hund leicht lädiert erschien: Da war dieses komische Zucken in seinem Bein, das auf eine Nervenkrankheit hindeuten könnte. Im Januar 1948 war er darum schon drauf und dran, den Junghund wieder an seine Züchterin zurückzugeben. Churchill und ein Zwergpudel, das war von außen und aus der Ferne schon schwer vorstellbar – aber Churchill und ein gehandicapter, zuckbeiniger Zwergpudel, das schien nun wirklich nicht zu seinem selbstvermittelten Bild zu passen.

Die Züchterin überredete ihn trotzdem, den Hund wieder mitzunehmen und weiter zu beobachten. Dann riet allerdings auch Churchills Tierarzt dringend ab, der den kleinen Pudel zwei Monate später durchcheckte und empfahl, »sich nicht zu sehr an diesen Hund zu gewöhnen, weil es wahrscheinlich ist, dass er ungefähr in einem Jahr ein nicht sehr zufriedenstellender Kamerad sein wird«. Auch der Arzt vermutete eine Nervenkrankheit, außerdem habe der designierte Rufus-Nachfolger durch eine Krankheit im Welpenalter schlechte Zähne, weswegen er wohl zeit seines Lebens an »unerfreulichem Atem« leiden werde. Im Juni legte der Arzt einen noch vernichtenderen Befund nach: Seiner Ansicht nach werde der Pudel später recht wahrscheinlich unter Gastritis und Rheuma leiden, außerdem sei der Penis, wenn er sitze, wegen einer Fehlbildung permanent freigelegt, und wegen dieser Reizung würde er ständig Sekret absondern. Churchill kündigte der Züchterin darum erneut an, den Hund bald zurückzubringen, obwohl er unbestritten auch viele gute Eigenschaften habe – und behielt ihn am Ende doch. Irgendwann stellte er seinen neuen Freund so vor: »Er heißt Rufus der Zweite – aber ›der Zweite‹ wird nicht mitgesprochen.« Und in sein Tagebuch schrieb er: »Ich habe endlich einen Zwergpudel gefunden, der hübsch und anhänglich ist, und ich habe vor, ihn zu behalten.«

Der Tierarzt hatte mit seiner unglücklichen Prognose zumindest in einigen Punkten recht: Rufus' Gesundheit war sehr fragil, und mit acht Jahren hatte er bereits alle seine Zähne verloren. Gelegentlich litt er unter unkontrollierten Muskelzuckungen, obwohl sich das vermutete Nervenleiden nicht verschlimmerte. Sein Mundgeruch war dafür tatsächlich so belastend wie vorhergesagt – Churchills Privatsekretär Anthony Montague Browne sagte einmal, Rufus' Atem gleiche »einem Flammenwerfer«. Obendrein wurde er nie wirklich stubenrein und weigerte sich in strikter Ignoranz gegenüber seinen pudelmäßig vererbten Enteneinsammelgenen, jemals freiwillig schwimmen zu gehen. Stand ein Bad an, musste er in Chartwell in den Teich geschubst werden, wobei Churchills Chauffeur jedes Mal sprungbereit am Ufer stand, falls Rufus wegen seiner kaum vorhandenen Schwimmpraxis in Paddelnöte käme. »Rufus ist eine einzige Pleite«, sagte

Clementine Churchill, doch ihr Mann liebte den Hund sehr. Auf seine Art, ziemlich speziell – aber kann man das nicht über jeden Hundemenschen sagen?

Rufus, oder »Darling Rufie«, wie Churchill ihn nannte, bekam sein Futter von einem Butler serviert, sein Napf stand auf einem Perserteppich neben dem Esstisch der Churchills. Er schlief anfangs auch in Winstons Bett, bis er die Angewohnheit entwickelte, Hände und Gesicht seines Menschen etwas zu ausdauernd abzulecken. Er begleitete ihn dafür oft zur Arbeit, fuhr mit Churchill auf dem Rücksitz seines Dienstwagens mit und sprang Besuchern von Downing Street Nummer 10 gern auf den Schoß, um sich dort dann einzurollen und zu dösen. Gegen drei oder vier Uhr morgens, wenn das letzte Diktat erledigt war, ging Churchills Sekretär mit Rufus die letzte Gassirunde – kamen sie zurück, erkundigte der Premierminister sich, schon im Wegduseln, nach der Beschaffenheit von Rufus' Geschäft, um ihm dann schläfrig zu gratulieren. Zu seinem 79. Geburtstag bekam Churchill eine Torte, deren Sockel wie eine Reihe gebundener Bücher geformt war. Mit Zuckerschrift waren die Titel aller Bücher darauf gekringelt, die er geschrieben hatte – auf der Tortenspitze aber war ein Zuckerfigürchen von Rufus, der versuchte, auf

eine Kerze zu klettern, weil ganz oben eine Zucker-
katze saß.

Churchill liebte Rufus, und er erwartete, dass auch
alle anderen Rufus liebten. Ganz selbstverständlich scheuchte er müde Honoratioren nach einer
Hausparty in Chartwell im Morgengrauen noch über
die Felder, um den ausgebüxten Pudel zu suchen. Aber
seine Liebe war nicht so bedingungslos wie die eines
Hundes, und so war Churchill schwer gekränkt, wenn
sein Pudel anderen mehr Aufmerksamkeit schenkte
als ihm selbst. Als er einmal mit seinem Kammerdiener aus dem Zug stieg und der am Bahnhof wartende
Rufus das Personal zuerst begrüßte, wies er den Diener an, künftig im Zug zu warten, bis Churchill selbst
den Hund begrüßt hatte. Und als Rufus sich für seinen Geschmack zu eng mit seiner Privatsekretärin
Grace Hamblin anfreundete, warf Churchill ihr Vor-
satz vor: »Sie haben mir die Zuneigung meines Hundes geklaut.«

Natürlich wurde Rufus auch von der Churchill'-
schen Anekdotendampfmaschine einverleibt. Die berühmteste Geschichte, in der er mitspielt, handelt von
einem gemeinsamen Fernsehabend in Chequers, dem
offiziellen Landsitz der britischen Premierminister.
Rufus saß wie immer auf seinem eigenen Sessel gleich

neben Churchill, zusammen sahen sie David Leans Verfilmung von »Oliver Twist«. Als sie zur Stelle kamen, an der Bill Sikes seinen Bullterrier tötet, um die Polizei abzuschütteln, legte Churchill die Hand über Rufus' Augen und sagte zu ihm: »Schau nicht hin, mein Lieber. Ich erzähle dir später, was passiert ist.«

Die bizarrste Rufus-Schnurre aber ist die Kopulationsanfrage, die ihm per Telegramm zuging. Absender war eine Pudelhündin namens Jennifer, versehen war das Telegramm mit dem Vermerk »Very private«, und diktiert wurde es höchstwahrscheinlich von Churchill selbst. In der Nachricht bat besagte Jennifer (Selbstbeschreibung: erstklassiger Stammbaum, sehr kultiviert und freundlicher, gutmütiger Charakter) Rufus zu einer gemeinsamen Schwänzelei im »sehr schönen Zwinger« seiner Züchterin, »wo du mir freundlicherweise behilflich sein könntest, damit ich ein paar Welpen von dir bekommen kann«. Rufus antwortete natürlich ebenfalls per Telegramm, schnörkellos, aber nicht abgeneigt: »Denke über dein Angebot nach und werde mich bald bei dir melden. Rufus.«

Die Züchterin hatte Churchill zwar davon abgeraten, Rufus absichtlich als Deckrüden einzusetzen – sie fürchtete, er könnte sich, einmal sexuell erweckt, zu einem besteigefrohen Begattungsmonster entwickeln, der jeden Hund fortan für eine Hündin in Hitze halten würde und auch sonst völlig außer Rand und Band geriete. Die Pudelpuderei wurde dennoch vollzogen; ob Jennifer allerdings tatsächlich Mutter wurde, ist nicht bekannt. Albernheitsnachweise wie diese Telegramme jedenfalls scheinen ein Beleg dafür zu sein, dass Churchill seine Hunde – und seine restlichen Tiere – wie eine ausgelagerte, externe Emo-Festplatte gesehen haben könnte: als Wesen, unbekümmert von den Belastungen politischer Belange, als Leichtigkeitsquelle, in die man sich plumpsen lassen konnte, wenn die Welt drumherum zu schwer wurde.

Rufus starb im August 1962, er ging im Schlaf und wurde auf der Terrasse von Chartwell neben Rufus I. begraben. Internationale Zeitungen berichteten über Churchills Verlust. »Er war mein engster Vertrauter«, zitiert ihn »The Altoona Mirror«, eine Heimatzeitung aus Altoona, Pennsylvania, USA: »Rufus hat alles mitbekommen.« Eigentlich wollte er selbst einmal zusammen mit seiner Frau neben den Rufussen im Garten von Chartwell begraben werden, entschied sich dann aber doch dazu, sich zu seinen Eltern ins Familiengrab in Bladon legen zu lassen. Hätte Churchill an seiner eigentlichen Idee festgehalten, würde heute sicher auch der Ruhestätte seiner Hunde mehr Aufmerksamkeit zuteilwerden, und man müsste, wenn man ihre Gräber besucht, zwei schlichte Steinplatten mit eingemeißelten Namen, nicht ständig nachlässige Besucher von ihnen herunterscheuchen, die für das Klohäuschen um die Ecke anstehen und nicht merken, dass sie dabei auf Churchills Freunden herumtrampeln. Neben den beiden Pudeln liegt Churchills Tier, das sich an ihn schmiegte, als er auf dem Sterbebett lag: Jock.

Churchills letzter Hund war eine Katze. Ein Schnurrchill, den er faderweise aber doch nur Jock nannte, ein orange-getigertes Exemplar, das ihm sein Privatsekretär (der ebenfalls Jock hieß) zum 88. Geburtstag schenkte. Jock rutschte, ungeachtet von Kleinlichkeiten wie seiner Gattung, auf Rufus' Platz, und zwar ganz buchstäblich: Er begleitete Churchill nun zu seinen Amtsgeschäften nach London und saß dabei neben ihm auf dem Rücksitz. Sein letztes Haustier hat Chartwell auch nach seinem Tod nie verlassen: Churchill verfügte, dass es immer eine orange-getigerte Katze auf dem Anwesen geben soll. Derzeit versieht dort der sechste Jock seinen Dienst.

Bei meinem Besuch habe ich ihn nicht gesehen. Und bis auf die betrampelten Grabplatten keine Spur von den Rufussen gefunden, kein Hundekörbchen im Haus, kein Pudelporträt in Churchills Atelier, wohin er sich zum Malen zurückzog, kein Rufus-Figürchen im Souvenirshop. Aber man kann dort eine ziemlich gut gemachte Replika des Stofflöwen aus Churchills Bibliothek kaufen. Er taugt nicht nur bestens als Platzhalter für entnommene Bücher, sondern auch als Stellvertreter für die Hunde in seinem Leben. Und als Erinnerung daran, sich auch in harten Phasen ein bisschen heimliche Zartheit zu bewahren.

WEITERFÜHRENDE HUNDELITERATUR

Piers Brendon: *Churchill's Bestiary: His Life Through Animals.* Michael O'Mara Books Ltd, London, 2018

Boris Friedewald: *Die Tiere von Picasso.* Prestel Verlag, München, London, New York, 2014

Dana Horáková: *101 Top Dogs: Von verkannten Hunden bekannter Menschen und umgekehrt.* Kynos, Nerdlen, 2015

Penny Junor: *All The Queen's Corgis: Corgis, dorgis and gundogs: The story of Elizabeth II and her most faithful companions.* Hodder & Stoughton, London, 2018

Franziska Polanski: *Richard Wagners Hunde: Da lernt ich wohl, was Liebe sei.* Implizit Verlag, Heidelberg 2017

Sibylle Prinzessin von Preußen und Friedrich Wilhelm Prinz von Preußen: *Die Liebe des Königs.*

Friedrich der Große. Seine Windspiele und andere Passionen. Siedler Verlag, München, 2006

Brigitte Zander-Lüllwitz: *Philosophische Pudeleien: Schopenhauer und die Hunde.* Books on Demand, 2013

Aus Verantwortung für die Umwelt hat sich der
Verlag Kiepenheuer & Witsch zu einer nachhaltigen
Buchproduktion verpflichtet. Der bewusste Umgang mit unseren
Ressourcen, der Schutz unseres Klimas und der Natur gehören
zu unseren obersten Unternehmenszielen.

Gemeinsam mit unseren Partnern und Lieferanten setzen
wir uns für eine klimaneutrale Buchproduktion ein, die
den Erwerb von Klimazertifikaten zur Kompensation des
CO_2-Ausstoßes einschließt.

Weitere Informationen finden Sie unter:
www.klimaneutralerverlag.de

Verlag Kiepenheuer & Witsch, FSC® N001512

1. Auflage 2021

© 2020, 2021 Verlag Kiepenheuer & Witsch, Köln
Unter diesem Titel erschien zuvor ein Erzählungsband von
Marko Martin. Wir danken der Anderen Bibliothek für die
freundliche Genehmigung der weiteren Verwendung.

Umschlaggestaltung: Barbara Thoben, Köln
Umschlagmotive und Illustrationen im Innenteil: © Anja Rützel
Gesetzt aus der Adobe Caslon und der Smallville
Satz: Buch-Werkstatt GmbH, Bad Aibling
Druck und Bindung: CPI books GmbH, Leck
ISBN 978-3-462-00185-3

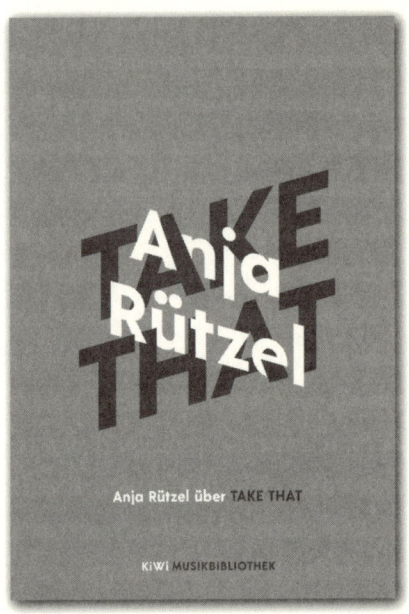

Anja Rützel über TAKE THAT

KiWi MUSIKBIBLIOTHEK

»Anja Rützel schreibt wie der liebe Gott nach einer Flasche Eierlikör und was besseres hätte Gary, Mark und co. gar nicht passieren können.« *Christian Bos, Kölner Stadt-Anzeiger*